After Effects
初級テクニックブック【第2版】

石坂アツシ＋笠原淳子［共著］　for CC2017/CC2018（Windows & Mac対応）
Atsushi Ishizaka　Junko Kasahara

本書の作成には、Adobe After Effects CC（2017/2018）のWindows版およびMac版を使用しています。

○ After Effectsほか、本書に記載されているすべての会社名、製品名、商品名などは、該当する会社の商標または登録商標です。
○ 本書に記載されている内容は、2018年2月現在の情報に基づいています。ソフトウェアの仕様やバージョン変更により、最新の情報とは異なる場合もありますのでご了承ください。
○ 本書の発行にあたっては正確な記述に努めましたが、著者・出版社のいずれも本書の内容に対して何らかの保証をするものではなく、内容を適用した結果生じたこと、また適用できなかった結果についての一切の責任を負いません。

は じ め に

　After Effectsは、アニメをはじめテレビ番組や映画などあらゆる映像作品の制作に使われている
モーショングラフィックスソフトです。

　After Effectsがどのようなソフトかを説明する場合、「時間軸を持ったPhotoshop」という言い回し
が最も的確ですが、たとえPhotoshopを使える方でも、After Effectsを初めて操作する時は聞き覚
えのないパネルや機能の名称に戸惑うことでしょう。それらのツール名と機能を順番に覚えるのもひ
とつの方法ですが、本書ではまずAfter Effectsで何ができるのかをリストにし、そこから操作方法を
説明しています。リストに関しても、誰にでもわかる言い回しにすることで、「やりたいこと」を簡単に探
せて「何ができるのか」を素早く知ることができるようにしました。さらに、その後の操作説明も可能な
限り専門用語を使わずに、わかりやすく解説しています。

　本書のもうひとつの特徴は、ひとつの目的に対して複数の方法を説明している点です。After
Effectsの機能は実に多彩なので、例えば「画像を変形させる」という目的だけでも様々な方法が存在
します。それらの方法をなるべく一緒に説明するように配慮しました。素材の内容や作業のしやすさに
よってベストな方法を選んでください。

　上達の近道は操作を楽しむことです。After Effectsの多彩で優れた機能を使って、画像や映像の
加工／編集を楽しんでください。本書がそのための手助けになれれば幸いです。

2018年2月

著者一同

CONTENTS

After Effectsのパネルと用語……008

PART01 作業スペースを設定する

001 作業画面の構成を設定する……012
002 作業画面の明るさを設定する……016
003 編集エリアの表示を設定する……018
004 編集画面の表示方法を変更する……020
005 時間表示とフレーム数表示を切り替える……024
006 作業を保存する……027
007 作業を自動的に保存する……028
008 CCを以前のバージョンで保存する……030
009 前回保存したファイルで続きを編集する……031

PART02 編集素材を読み込む

010 素材ファイルを読み込む……032
011 素材をフォルダごと読み込む……035
012 背景のない素材を読み込む……038
013 前回使った素材を読み込む……042
014 読み込んだ素材をフォルダに分ける……044
015 静止画素材を設定した長さで読み込む……047
016 PhotoshopやIllustratorのレイヤーを読み込む……050
017 リンクが切れたファイルを読み込み直す……053
018 不要な素材を消す……057
019 連番名のファイルを読み込む……059
020 Premiere Proの編集ファイルを読み込む……061
021 After Effectsの編集ファイルを読み込む……063
022 読み込んだ素材の情報を変更する……064

PART03 素材を組み立てる

023 ムービーのサイズと長さを設定する……066
024 素材をタイムラインへ追加する……069
025 素材をムービーの再生順に並べる……072
026 素材の使わない部分を削る……073
027 同じ素材を何度も使う……075
028 複数の素材を1つにまとめる……077
029 素材を自動的にスライドショーにする……080
030 素材を画面内で整列させる……083
031 素材の音を消す……086
032 プレビューする……087

PART04 素材を変形させる

- 033 サイズを変える……090
- 034 水平・垂直に反転させる……094
- 035 回転させる……096
- 036 歪ませる……100
- 037 効果付きで素材を切り替える……102
- 038 立体空間で素材を扱う……107
- 039 素材の一部分だけを表示する……113
- 040 素材を立体に歪ませる……118

PART05 素材に効果を加える

- 041 素材にエフェクトを加える……120
- 042 ぼかす……123
- 043 動いている部分だけぼかす……126
- 044 バラバラにする……127
- 045 光らせる……130
- 046 ガラスや水面に映りこませる……131
- 047 影を加える……134
- 048 色を変える……136
- 049 ノイズを加える……138
- 050 雨や雪を加える……140
- 051 エフェクトの効果をオン・オフする……142
- 052 すべての素材に同じ効果を加える……144

PART06 素材に動きを加える

- 053 倍速／スローにする……146
- 054 途中で一時停止／再生する……149
- 055 フェードイン／アウトする……152
- 056 直線移動させる……154
- 057 曲線で移動させる……159
- 058 ラインに合わせた向きで移動させる……161
- 059 動きのブレを自動でつける……163
- 060 回転運動をさせる……166
- 061 次第にピントを合わせる……167
- 062 ランダムに震えさせる……169
- 063 他の素材も同じ変化をさせる……171
- 064 複数の素材を同時に変化させる……174
- 065 自動で変化させる……176
- 066 動きの軌跡を手描きする……180

PART07 文字を加える

067 文字を入力する……182
068 文字と段落を調整する……185
069 文字の色、線の色と太さを変える……187
070 横書き文字を縦書き文字に変える……189
071 縦書きテキストで横向きの英数字を縦にする……190
072 文字全体を動かす……192
073 図形に沿って文字を移動させる……193
074 文字を順番に表示させる……196
075 一文字ずつバラバラに表示させる……200
076 文字間隔を徐々に狭くする……202
077 一文字ずつぼかして消す……205
078 一文字ずつ回転しながら移動させる……207
079 文字の中にだけ映像を入れる……210
080 文字アニメーションのテンプレートを使う……212
081 立体の文字にする……215

PART08 平面や図形を加える

082 単色の平面を加える……220
083 図形を加える……222
084 長方形を加える……226
085 円を加える……228
086 星形の図形を加える……232
087 好きな形の図形を加える……236
088 文字を図形にする……243
089 グラデーションの平面をつくる……246
090 手描きの図形をつくる……252
091 図形に厚みをつける……256

PART09 素材を合成する

092 表示方法で合成する……260
093 素材の一部を切り取る……262
094 他の素材を使って合成する……266
095 特定の色部分に合成する……269
096 明暗部分に合成する……272
097 映像内の動きに合成を追従させる……274

PART10 完成作品を出力する

098 出力の設定をする……282
099 音だけを書き出す……288
100 一部分だけ出力する……290
101 画面を静止画にして書き出す……292

After Effects標準エフェクト一覧……296
索引……306
方法の索引……309

After Effects
初級テクニックブック【第2版】

After Effectsのパネルと用語

はじめに、After Effectsの各パネルや機能の名称とその役割について簡単に解説します。After Effectsは大きく分けて、プロジェクトパネル、コンポジションパネル、タイムラインパネルの3つのパネルで構成されています。また、ファイル全体をプロジェクト、プロジェクトの中で複数作成できるムービー編集用の箱を「コンポジション」と呼びます。

▶▶01 パネルの構成

After Effectsは大きくわけて3つのパネルで構成されています。

Aプロジェクトパネル

ムービーの編集、作成に使用する素材ファイルを扱うパネルです。After Effects上で作成した平面レイヤーやコンポジションもこのパネルに表示されます。編集に素材を使用する場合は、このパネルからタイムラインパネルへドラッグします。

プロジェクトパネル

B タイムラインパネル

実際に編集をおこなうパネルです。素材ファイルをプロジェクトパネルからドラッグして配置すると、レイヤーとして重ねられて表示されます。右側の時間軸が経過時間を表します。[現在の時間インジケーター]を動かすと、その時間の画面がコンポジションパネルに表示されます。

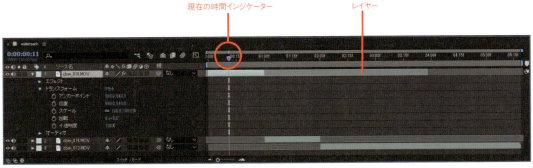

タイムラインパネル

C コンポジションパネル

現在編集しているムービーの画面を表示するパネルです。時間の経過で変化する様子を確認したり、このパネル上で直接レイヤーを移動させたり、マスクを変形させたりすることができます。

コンポジションパネル（タイムライン上の[現在の時間インジケーター]のある位置の画面が表示される）

009

▶▶02 プロジェクトとコンポジション

After Effectsでは、編集しているファイル全体を「プロジェクト」と呼びます。1つのプロジェクトファイルの中で、複数の編集を同時におこなうことができます。素材ファイルを入れ、時間やサイズを設定した箱を「コンポジション」と呼び、コンポジションで個々の編集をおこないます。これらのコンポジションはつないで長いムービーにすることもできます。

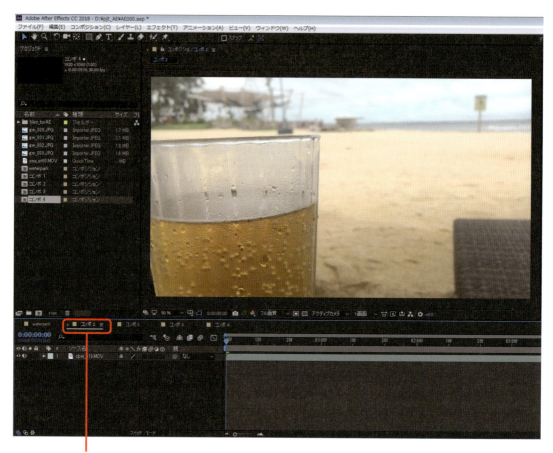

コンポジション名（このタブで複数のコンポジションを切り替える）

コンポジションをつないで長いムービーも作れる（「コンポ1」「コンポ2」「コンポ3」をつないでいる）

▶▶03　プロパティの表示方法

01　項目の展開

タイムラインパネルやエフェクトコントロールパネルなど、設定する項目（プロパティ）が多いパネルでは、初期設定では機能が非表示になっている場合があります。項目名の左側に三角形が表示されているものは、三角形をクリックして展開させることができます。

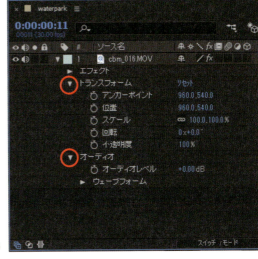

エフェクト名などの左の三角形をクリックして項目（プロパティ）を表示させる

02　一部のプロパティだけを表示する

タイムラインパネルでレイヤーの項目（プロパティ）を展開すると、機能の数が多いため、すべての項目が表示されない場合があります。キーボードショートカットを使用すれば必要な項目だけを表示させることができます。キーボードを半角英数に設定して、レイヤーを選択した状態でショートカットキーを押すと、対応するプロパティのみが表示されます。

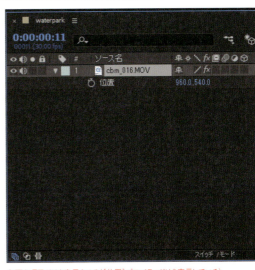

必要な項目だけを表示させる（[位置]プロパティだけを表示している）

キーボードショートカット
A:アンカーポイント
P:位置
S:スケール
R:回転
T:不透明度
L:オーディオ
E:エフェクト（適用している場合のみ）
M:マスク（作成している場合のみ）
U:キーフレームなどの設定をしているプロパティすべて

011

001 作業スペースを設定する

作業画面の構成を設定する

これからおこなう編集の目的に合わせて、表示させるパネルの構成を設定します。ワークスペースの種類には、通常使用するパネルのみを表示させる[標準]のほか、[アニメーション]、[エフェクト]、[テキスト]などのプリセットが用意されています。変更したワークスペースは常に最新の状態で保存されます。初期設定に戻す場合は[リセット]をおこないます。個々のパネルのサイズ変更は、パネルフレームの境界線をドラッグします。

- ▶▶方法1　ウィンドウメニューから設定する
- ▶▶方法2　ツールパネルから設定する
- ▶▶方法3　各パネルのサイズや位置を変更する

▶▶方法1　ウィンドウメニューから設定する

01 ワークスペースを表示させる

メニューバーの[ウィンドウ]をクリックして、一番上に表示される[ワークスペース]にカーソルを合わせます。ワークスペースメニューが表示されます。

メニューバーから[ウィンドウ]を選択

ワークスペースメニュー

---

02 ワークスペースを選択する

これからおこなう編集の内容に合わせてワークスペースを選択します。ワークスペースが適用されてパネルの構成が自動的に設定されます。

使用したプリセットをクリック

パネルが設定される

03 ワークスペースをリセットする

［標準］プリセットを適用した後に表示パネルの変更や移動をおこなうと、［標準］ワークスペースに変更が保存されます。初期設定の［標準］に戻す場合は、ウィンドウのワークスペースメニューから［「標準」を保存されたレイアウトにリセット］を選択します。

［標準を保存されたレイアウトにリセット］で［標準］の初期設定に戻る

▶▶方法2　ツールパネルから設定する

01 すべてのワークスペースを表示する

ツールパネル上にはいくつかのワークスペースが表示されています。このほかのワークスペースを使用する場合は、ワークスペースメニューの［>>（シェブロンメニュー）］をクリックしてすべてのワークスペースを表示します。

ワークスペースメニューのシェブロンメニューをクリック

02 ワークスペースを選択する

メニューから、使用するワークスペースを選択して適用します。

ワークスペースを選択する

▶▶方法3 各パネルのサイズや位置を変更する

01 境界線をドラッグする

パネルフレームの境界線にカーソルを合わせて、上下または左右にドラッグします。

境界線を上にドラッグする

パネルが短くなった

02 パネルの上下左右位置を同時に変更する

パネルが3つ以上交差する点にカーソルを合わせて上下左右にドラッグしてサイズを変更します。

交差する点を左上にドラッグしてプロジェクトパネルを小さくする

パネルが小さくなった

03 パネルのドッキングを解除する

初期設定でドッキング、グループ化されているパネルを、独立したパネルとして表示することもできます。解除したいパネルを選択して、パネルメニューの[パネルのドッキングを解除]をクリックします。パネルのドッキングが解除され、フローティングパネルになります。

パネルメニューを開く

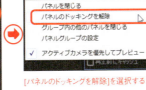
[パネルのドッキングを解除]を選択する

フローティングパネルとして独立する

04 パネルをドッキングする

フローティングパネルをドッキングさせるには、パネルの左上のタイトルバーをドラッグして、パネルとパネルの境界線に表示されるドロップゾーンに配置します。

タイトルバーをドラッグする

ドッキングできる場所がドロップゾーンとして表示される

パネルがドッキングされた

015

002　作業スペースを設定する

作業画面の明るさを設定する

編集作業をおこなう画面全体の明るさを、環境設定のアピアランスで設定します。作業しやすい環境や、実際の再生環境などに合わせて輝度の設定を変更することができます。設定画面のスライダーをドラッグして明るく、または暗くします。

▶▶方法1　［アピアランス］を設定する

初期設定の明るさ

明るく設定

▶▶方法1　アピアランスを設定する

01　環境設定ダイアログボックスを表示する

編集メニューで［環境設定］を選択して、［アピアランス］をクリックします。環境設定ダイアログボックスが表示されます。

編集→環境設定→アピアランス

環境設定ダイアログボックスが開く

02 明るさを設定する

[明るさ]のスライダーを左右にドラッグして輝度を設定します。左にドラッグすると暗く、右にドラッグすると明るくなります。

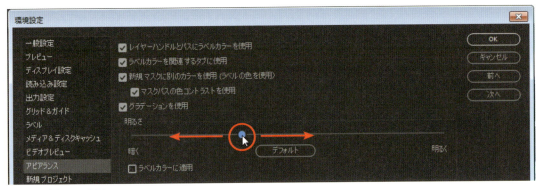

スライダーを左右にドラッグする

03 初期設定に戻す

設定した明るさを初期設定の状態に戻すには、[明るさ]の[デフォルト]ボタンをクリックします。

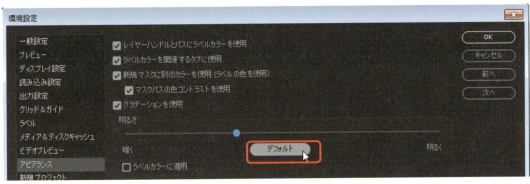

[デフォルト]をクリック

> **MEMO**
>
> **その他の明るさ設定**
>
> アピアランスメニューには、画面全体の明るさのほかにハイライトのカラー設定があります。[インタラクティブな制御]でタイムコードやメニュー文字の明るさ、[焦点インジケーター]で選択されたパネルの色などの明るさを調整します。

ハイライトのカラー設定

003　作業スペースを設定する

編集エリアの表示を設定する

編集エリア（コンポジションパネル）の表示を設定します。画面の中の位置を確認するための定規表示や、テレビなどでムービーを再生した場合に画面の端が切れてしまう事を防ぐためのセーフゾーン（確実に表示される範囲）、センターカットインジケーター（16:9のムービーを4:3のディスプレイで再生した場合にカットされる範囲）を表示できます。これらは出力してもムービーには表示されません。

▶▶方法1　定規を表示する
▶▶方法2　セーフエリアを表示する

▶▶方法1　定規を表示する

01 ［グリッドとガイドのオプションを選択］ボタンをクリックする

コンポジションパネルの左下にある［グリッドとガイドのオプションを選択］ボタンをクリックします。メニューが表示されるので、［定規］を選択します。

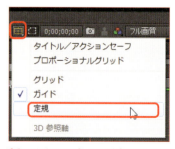

［グリッドとガイドのオプションを選択］ボタンをクリック

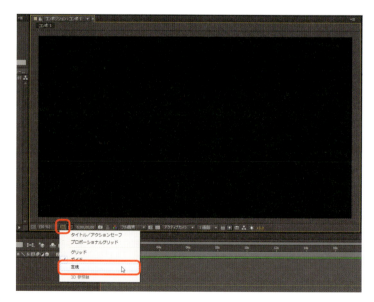

02	ビューメニューで選択する

ウィンドウメニューからも同様の操作ができます。ビューメニューをクリックして[定規を表示]を選択します。

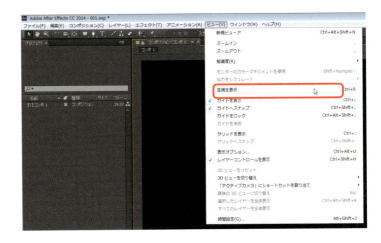

▶▶方法2　セーフエリアを表示する

01	[グリッドとガイドのオプションを選択]ボタンをクリックする

コンポジションパネルの左下にある[グリッドとガイドのオプションを選択]ボタンをクリックします。メニューが表示されるので、[タイトル／アクションセーフ]を選択します。

[タイトル／アクションセーフ]を選択

●セーフエリアの種類

A アクションセーフゾーン
重要な画面が切られずに表示される範囲

B タイトルセーフゾーン
タイトルテキストが切られずに表示される範囲

C センターカットアクションセーフゾーン
16:9で作成したムービーを4:3で再生する場合に重要な画像が切られずに表示される範囲（16:9で作成した場合のみ表示）

D センターカットタイトルセーフゾーン
16:9で作成したムービーを4:3で再生する場合にタイトルテキストが切られずに表示される範囲（16:9で作成した場合のみ表示）

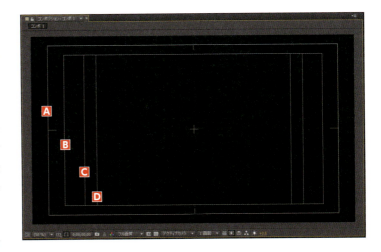

004　作業スペースを設定する

編集画面の表示方法を変更する

編集画面（コンポジションパネル）の表示方法を設定します。編集に3Dレイヤーを使用している場合、様々な角度からレイヤーの位置を3Dビューで確認できます。また、画面を2画面、4画面などのマルチビューに増やすことで、同時に違う角度からレイヤーの位置を確認しながら編集することができます。

▶▶方法1　3Dビューを表示する
▶▶方法2　マルチビュー表示をする

▶▶方法1　3Dビューを表示する

01　上からの角度［トップビュー］で確認する

3Dレイヤーを使用している状態で、コンポジションパネルの下にある3Dビューポップアップメニューをクリックして、［トップビュー］を選択します。画面が上から見下ろした角度に変更されます（ビューメニューからも設定することができます）。

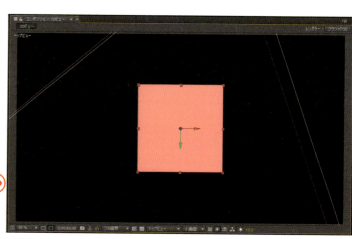

トップビュー

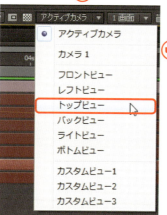

［トップビュー］を選択

02 左からの角度[レフトビュー]で確認する

3Dビューポップアップメニューから[レフトビュー]を選択します。画面が左側から見た角度に変更されます。

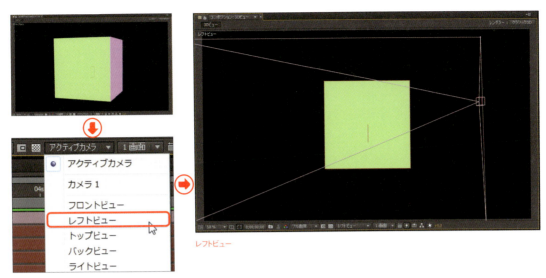

[レフトビュー]を選択

レフトビュー

03 [カスタムビュー1]で確認する

3Dポップアップメニューで[カスタムビュー1](遠近法のビュー)を選択します。画面が左上から見下ろした角度に変更されます。

[カスタムビュー1]を選択

カスタムビュー1

021

04 [カメラビュー]で確認する

カメラレイヤーを使用している場合のみ、カメラの視点を確認することができます。3Dポップアップメニューで[カメラ1]を選択します。

カメラレイヤーを使用

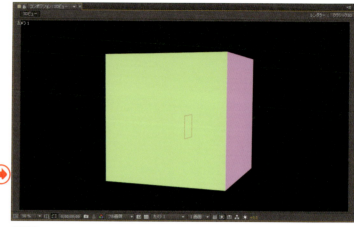
カメラビュー

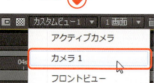
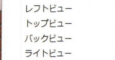
[カメラビュー]を選択

▶▶方法2 マルチビュー表示をする

01 2画面で確認する

コンポジションパネルの下にある[ビューのレイアウトを選択]ポップアップメニューで[2画面-左右]を選択します。コンポジションパネル内に2画面、左右に並んで表示されます。

[2画面-左右]を選択

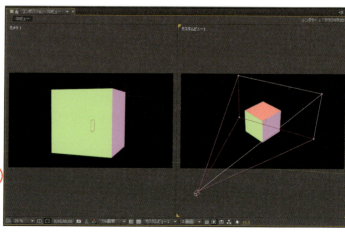
2画面-左右

02 各画面のビューを切り替える

左側の画面をクリックして選択した状態にします。選択した状態では、画面の四隅が黄色く表示されます。この状態でビューを切り替えると左側のビューが変更されます。

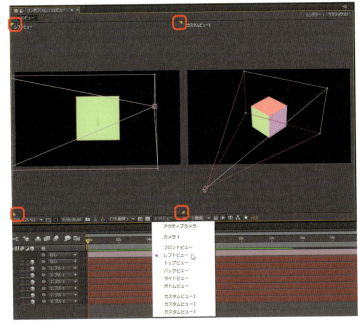

ビューを切り替える

03 4画面で確認する

[ビューのレイアウトを選択]ポップアップメニューで[4画面-下]を選択します。上に大きく1画面、下に小さく3画面表示されます。カメラビューなど、実際に出力する角度を大きな画面に使用すると便利です。

[4画面-下]を選択

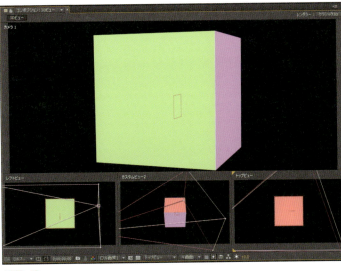

4画面-下

005　作業スペースを設定する

時間表示とフレーム数表示を切り替える

タイムラインに表示する時間の経過を、時間表示のタイムコード、またはフレーム数の表示に切り替えます。フレーム数の場合は、開始フレームを「0」または「1」から選択することができます。フィルムへ出力する場合は[フィート＋フレーム]を使用します。

▶▶方法1　プロジェクト設定を変更する
▶▶方法2　Ctrlキー（Macでは⌘キー）＋クリック

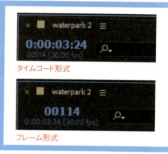

タイムコード形式

フレーム形式

▶▶方法1　プロジェクト設定を変更する

01　プロジェクト設定を開く

ファイルメニューから[プロジェクト設定]を選択します。プロジェクト設定ダイアログボックスが表示されます。
[時間の表示形式]タブをクリックして、[タイムコード][フレーム]から表示形式を選択します。

ファイルメニューから[プロジェクト設定]を選択

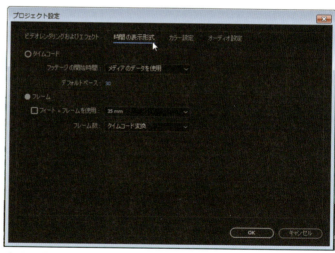

プロジェクト設定の[時間の表示形式]タブ

02 タイムコードにする場合

[時間の表示形式]で[タイムコード]をクリックして、[フッテージの開始時間]プルダウンメニューで[メディアのデータを使用]と[00:00:00:00]から開始時間を選択します。タイムラインの時間表示が[タイムコード]形式になります。

[メディアのデータを使用]と[00:00:00:00]から開始時間を選択

03 フレームにする場合

[時間の表示形式]で[フレーム]をクリックします。[フレーム数]プルダウンメニューで[0から開始][1から開始][タイムコード変換]から開始時間を選択します。フィルムに出力する場合は、[フィート+フレームを使用]をオンにして[16mm][35mm]からフィルムの規格を選択します。

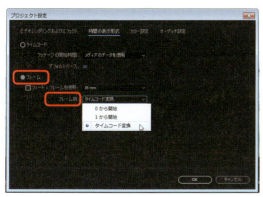

[フレーム数]プルダウンメニューでコード開始時間を選択

フィルムに出力する場合は、[フィート+フレームを使用]をオンにする

▶▶方法2　Ctrlキー（Macでは⌘キー）+クリック

キーボードのCtrlキー（Macでは⌘キー）を押しながら、タイムライン（またはコンポジションパネル）の時間表示をクリックします。タイムコードとフレームが切り替わります。

006　作業スペースを設定する

作業を保存する

編集作業を現在の状態で保存します。編集に使用する動画ファイルや静止画ファイルも同じフォルダ内に保存して作業すると便利です。一度読み込んだファイルは、場所を移動するとリンクが切れてしまうので、あらかじめ編集素材フォルダを作って収納しておくと安心です。

▶▶方法1　[保存]を選択する

▶▶方法1　[保存]を選択する

ファイルメニューから[保存]を選択します。保存のダイアログボックスが表示されるので、保存先を選択します。ファイル名を付けて保存をクリックし、ファイルの種類を[Adobe After Effects プロジェクト]として保存します。

[保存]を選択する

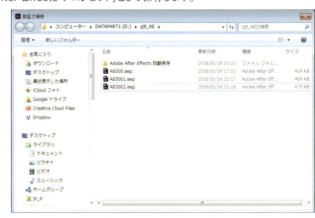

保存先を指定する→ファイル名を付ける→ファイルの種類をプロジェクトにする

007 作業スペースを設定する

作業を自動的に保存する

指定した経過時間ごとに自動的に保存する機能があります。自動保存のプロジェクトは別名で保存され、時間ごとに複数保存することもできます。例えば、保存の間隔を20分、最大保存ファイル数を5個に設定すると、20分経過するたびにプロジェクトファイルが自動的に保存され、最大5個のファイルが作成されます。6回目に保存されたファイルは、一番時間が古いファイルに上書きして保存されます。

▶▶方法1　[自動保存]を設定する

▶▶方法1　[自動保存]を設定する

01　環境設定を表示する

編集メニューの[環境設定]から[自動保存]を選択します。環境設定ダイアログが表示されます。

環境設定ダイアログ

編集メニューの[環境設定]から[自動保存]を選択

027

02 自動保存のタイミングと最大ファイル数を設定する

［保存の間隔］には自動保存するタイミングとなる時間、［プロジェクトバージョンの最大数］には保存するファイルの数を入力します。
初期設定では保存の間隔は20分、プロジェクトバージョンの最大数は5に設定されています。

［保存の間隔］［プロジェクトバージョンの最大数］などを設定する

03 自動保存の場所を設定する

自動保存されるファイルの場所を設定します。
［自動保存の場所］で、［プロジェクトの横］を選択すると、編集中のプロジェクトが保存されているフォルダ内に［Adobe After effects 自動保存］というフォルダが自動的に作成され、その中に自動保存されたプロジェクトが保存されます。
［ユーザー定義の場所］を選択すると、自動保存プロジェクトの場所を指定することができます。

保存場所を指定する

008　作業スペースを設定する

CCを以前のバージョンで保存する

新しいバージョンのAfter Effectsで作成したプロジェクトは古いバージョンのAfter Effectsで開くことはできません。例えば、CC2018バージョンで作成されたプロジェクトファイルはCC2017バージョンでは開けません。このため、After Effectsには以前のバージョン保存する機能があります。CC2018(AE15)バージョンからはCC2017(AE14)、CC2015(AE13)への変換が可能です。

▶▶方法1　[別名で保存]を選択する

▶▶方法1　[別名で保存]を選択する

01　別名で保存する

ファイルメニューから[別名で保存]を選択します。CC2014の場合は[CC(14)形式でコピーを保存]、CC(13)の場合は[CC(13)形式でコピーを保存]をクリックします。

CC2018では[CC(14)形式]と[CC(13)形式]が選択できる

02　保存する場所を選択する

保存先のフォルダを選択して[保存]をクリックします。

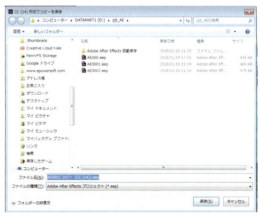

保存先のフォルダを選択

029

MEMO

バージョンの確認方法

プロジェクトを以前のバージョンで保存する際のメニューは、[CC(14)][CC(13)]というバージョンの表記になっています。これは、2018、2017など西暦になっているCC(Creative Cloud)全体のバージョン名とは別の、After Effects単体のバージョン名です。例えば、CC2018のAfter EffectsはCC(15)というバージョンになっています。

現在使用しているAfter Effectsのバージョンを知りたい場合は、[ヘルプ]メニューの[After Effectsについて]をクリックして、表示される画面の[バージョン]の横に書かれている数字を確認してください。

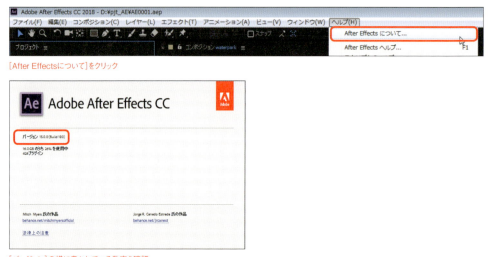

[After Effectsについて]をクリック

[バージョン]の横に書かれている数字を確認

009 作業スペースを設定する
前回保存したファイルで続きを編集する

前回編集を保存したプロジェクトを開いて、続きを編集します。ファイルメニューの[プロジェクトを開く]でファイルを選択するか、[最近のプロジェクトを開く]で最近使用したプロジェクトファイルを指定することができます。最近のプロジェクトは、最大10個まで表示されます。

▶▶方法1　[プロジェクトを開く]を選択する
▶▶方法2　[最近使用したファイルを開く]を選択する

▶▶方法1　[プロジェクトを開く]を選択する

ファイルメニューから[プロジェクトを開く]を選択します。[開く]ダイアログボックスが表示されるので、続きを編集するプロジェクトファイルを選択して、[開く]ボタンをクリックします。

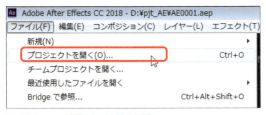

ファイルメニューから[プロジェクトを開く]を選択

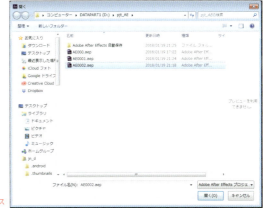

[開く]ダイアログボックス

▶▶方法2　[最近使用したファイルを開く]を選択する

ファイルメニューから[最近使用したファイルを開く]メニューを選択すると、最近使用したプロジェクトファイルが表示されます。編集の続きをおこなうプロジェクトを選択すると、プロジェクトファルが保存されているフォルダを開かずにプロジェクトを開くことができます。

ファイルメニューから[最近使用したファイルを開く]を選択

031

010 編集素材を読み込む

素材ファイルを読み込む

編集に使用する、映像や画像、サウンドなどの標準的な素材ファイルをAfter Effectsに読み込む方法を説明します。同じフォルダにあるファイルであれば複数のファイルを一度に読み込むことができます。また、連続してファイルを読み込むこともできます。読み込む方法も、メニューや右クリック、ドラッグ、など複数あるので使いやすい方法で素材ファイルを読み込んでください。

▶▶方法1　ファイルメニューから読み込む
▶▶方法2　プロジェクトパネルから読み込む
▶▶方法3　ドラッグして読み込む

▶▶方法1　ファイルメニューから読み込む

01 ファイルメニューから[読み込み]を選ぶ

ファイルメニューの[読み込み]で[ファイル]か[複数ファイル]を選びます。どちらを選んでも、まずはじめに読み込むファイルを指定するダイアログボックスが開きます。

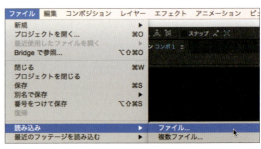

ファイルメニューの[読み込み]で[ファイル]か[複数ファイル]を選ぶ

02 読み込むファイルを指定する

ファイル読み込みダイアログボックスで読み込むファイルを指定します。この時、複数のファイルを選択すれば複数ファイルを一度に読み込みます。複数ファイルの選択は、隣接した複数ファイルの場合はドラッグするか最初のファイルを選択した後に最後のファイルをshiftキーを押しながらクリック。離れたファイルの場合は、Ctrlキー（Macは⌘キー）を押しながらクリックして選択していきます。選択した後、右下の[開く]ボタンをクリックするとファイルが読み込まれます。

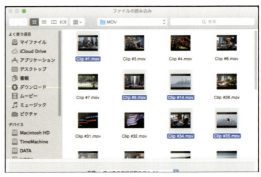

ダイアログボックスで読み込むファイルを指定する

03 プロジェクトパネルに読み込まれる

読み込んだファイルはプロジェクトパネルに格納されます。これらのファイルの整理方法は「014:読み込んだ素材をフォルダに分ける」、「018:不要な素材を消す」を参照してください。

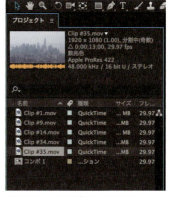

読み込んだファイルがプロジェクトパネルに格納される

04 ［複数ファイル］での読み込み

ファイルメニューの［読み込み］で［複数ファイル］を選択すると、ファイルを連続して読み込むことができます。最初にファイルを選択して読み込むとすぐにまた読み込みダイアログボックスが開くので、次のファイルを選択して読み込みます。連続した読み込みを終了する時はウィンドウ右下の［キャンセル］をクリックします。

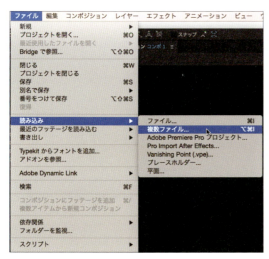

読み込み操作が繰り返される

033

▶▶方法2　プロジェクトパネルから読み込む

01　プロジェクトパネルを右クリックする

プロジェクトパネル内を右クリックし、メニューの[読み込み]で[ファイル]か[複数ファイル]を選びます。後の操作はメニューから読み込む方法と同じです。

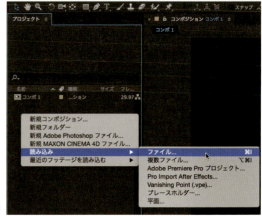

プロジェクトパネル内を右クリックする

02　プロジェクトパネルをダブルクリックする

プロジェクトパネル内をダブルクリックするだけでも、ファイル読み込みダイアログボックスが開きます。これはメニューの[読み込み]で[ファイル]を選んだ場合と同じ状態です。このダブルクリック操作が、同一フォルダのファイルを読み込む場合の一番簡単な方法です。

プロジェクトパネル内をダブルクリックしてダイアログボックスを開く

▶▶方法3　ファイルをドラッグして読み込む

読み込みたいファイルをプロジェクトパネルにドラッグ＆ドロップします。ファイルの内容や情報を確認しながら読み込む場合はこの方法が簡単で、複数ファイルを選んでドラッグ＆ドロップすることもできます。

ファイルをプロジェクトパネルにドラッグ＆ドロップする

011　編集素材を読み込む

素材をフォルダごと読み込む

編集に使うファイルをあらかじめ1つのフォルダにまとめておいた場合、そのフォルダごとAfter Effectsに読み込めば簡単ですしその後の管理も楽です。操作方法は素材ファイルの読み込みと同じです。ここではフォルダの読み込み方法とその後の管理方法を説明します。

▶▶方法1　フォルダを読み込む
▶▶方法2　プロジェクトパネルから読み込む
▶▶方法3　ドラッグして読み込む

▶▶方法1　ファイルメニューから読み込む

01　ファイルメニューから[読み込み]を選ぶ

ファイルメニューの[読み込み]で[ファイル]を選びます。

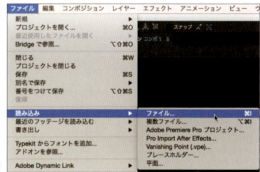

ファイルメニューの[読み込み]で[ファイル]を選ぶ

02　読み込むフォルダを指定する

ファイル読み込みダイアログボックスが開くので、読み込むフォルダを選択します。選択した後、右下の[開く]ボタンをクリックしてフォルダを読み込みます。複数のフォルダを選択して読み込むこともできます。

ダイアログボックスで読み込むフォルダを指定する

03 プロジェクトパネルに読み込まれる

読み込んだフォルダと同じ名称のフォルダがプロジェクトパネルに作られるので、フォルダを開いて中のファイルがすべて読み込まれていることを確認します。

読み込んだフォルダがプロジェクトパネルに生成される

04 フォルダを管理する

フォルダを読み込んでプロジェクトパネルに表示されるフォルダはAfter Effectsで生成されたフォルダです。ですので読み込んだ後に元のフォルダにファイルを追加してもここには反映されません。また、プロジェクトパネルのフォルダの名称を変更したり中のファイルを外に移動しても元のファイルとのリンクが外れることはありません。フォルダの名称変更はフォルダを右クリックしてメニューの[名前を変更]を選ぶか、選択した状態でEnterキー(MacはReturnキー)を押して新しい名前を入力します。

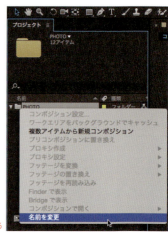

フォルダを右クリックして名称変更する

▶▶方法2　プロジェクトパネルから読み込む

01 プロジェクトパネルを右クリックする

プロジェクトパネル内を右クリックし、メニューの[読み込み]で[ファイル]を選びます。後の操作はメニューから読み込む方法と同じです。

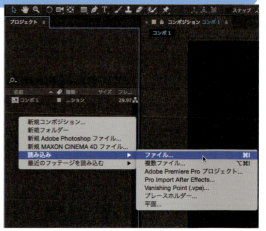

プロジェクトパネル内を右クリックする

02 プロジェクトパネルをダブルクリックする

プロジェクトパネル内をダブルクリックするだけでも、ファイル読み込みダイアログボックスが開きます。これはメニューの［読み込み］で［ファイル］を選んだ場合と同じ状態です。

プロジェクトパネル内をダブルクリックしてダイアログボックスを開く

▶▶方法3 ドラッグして読み込む

読み込みたいフォルダをプロジェクトパネルにドラッグ＆ドロップします。フォルダ内に連番ファイルが入っている場合、この方法でフォルダを読み込むと自動的にシーケンスファイルとして読み込まれます。連番ファイルの読み込みに関しては「019：連番名のファイルを読み込む」を参照してください。

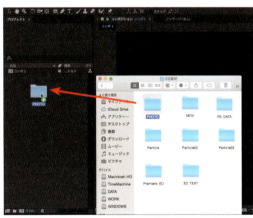

フォルダをプロジェクトパネルにドラッグ＆ドロップする

> **MEMO**
>
> フォルダ内にレイヤー情報を含むPhotoshopやIllustratorのファイルがある場合、フォルダごと読み込むとレイヤー選択機能が働かず、すべてのレイヤーが統合された状態で読み込まれます。
> レイヤーを指定して読み込む場合はフォルダではなくファイルを選択して読み込んでください。

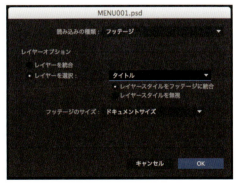

レイヤーを保持して読み込みたい場合は、ファイル単体を選択する

037

012　編集素材を読み込む

背景のない素材を読み込む

画像や映像ファイルの中にはRGBの色成分チャンネル以外に画像を合成するためのチャンネルを持つものがあり、これをアルファチャンネルといいます。白黒の画面で黒が透明、白が不透明になります。After Effectsではアルファチャンネルを持つ素材を読み込む時にアルファチャンネルをどう扱うかを選択することができます。

▶▶方法1　アルファチャンネルを読み込む

1：アルファチャンネルを読み込む

01　アルファチャンネルを持つ画像

まずアルファチャンネルを持つ画像を見てみましょう。この画像は赤地にロゴが描かれています。

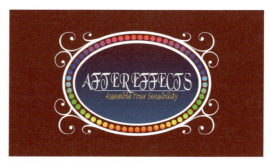

この画像にアルファチャンネルが存在する

02　アルファチャンネルとは

このファイルには図のようなアルファチャンネルが含まれています。白色は不透明、グレーの部分は半透明、黒色は透明として合成されます。つまり赤地の部分は合成されないことになります。ではこのアルファチャンネル付きの画像をAfter Effectsに読み込んでみましょう。

アルファチャンネルの白い部分が他の素材に合成される

03 ファイルを読み込む

ファイルメニューの[読み込み]を選ぶか、プロジェクトパネルをダブルクリックして、読み込みダイアログボックスを開き、アルファチャンネル付きのファイルを選択して[開く]をクリックします。

アルファチャンネル付きの画像を読み込む

04 アルファチャンネルの設定を選択する

フッテージ変換ダイアログボックスが開きます。ここでアルファチャンネルの設定を選択しますが、[自動設定]ボタンをクリックすると画像内容に応じた適切な扱い方が選択できます。今回の画像では[合成チャンネル － カラーマット]が選択されました。

フッテージ変換ダイアログボックスでアルファチャンネルの設定を選択する

05 アルファチャンネルを使って合成する

アルファチャンネル付きの画像が読み込まれ、背景画像と一緒にタイムラインに配置すると図のように合成されます。では次に同じ素材を使ってアルファチャンネルの設定の違いを見比べてみましょう。

背景画像とアルファチャンネル付き画像をタイムラインに配置する

ロゴがアルファチャンネルで合成される

2:アルファチャンネルの設定を選択する

01　[アルファ]を[無視]に設定する

フッテージ変換ダイアログボックスで[アルファ]を[無視]に設定します。するとアルファチャンネルが無視されて赤字にロゴの描かれた画像ファイルがそのまま読み込まれます。

[アルファ]を[無視]に設定する

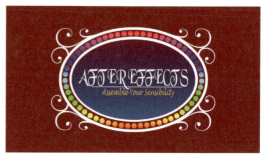
アルファチャンネルが無視されて元の画像ファイルがそのまま読み込まれる

02　[アルファ]を[ストレート - マットなし]に設定する

フッテージ変換ダイアログボックスで[アルファ]を[ストレート - マットなし]に設定します。これはアルファチャンネルの白黒度合いだけを使って合成する方法で、これがアルファチャンネルの一番基本となる設定です。ところがここで使用した画像は背景が赤いため、半透明やエッジ部分に赤色が乗ってしまいます。分かりやすいようにAfter Effectsで背景を透明にして画像ファイルだけを合成してみました。

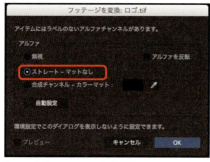
[アルファ]を[ストレート - マットなし]に設定する

半透明やエッジ部分に赤色が乗っている

03　[アルファ]を[合成チャンネル - カラーマット]に設定する

フッテージ変換ダイアログボックスで[アルファ]を[合成チャンネル - カラーマット]に設定します。次に[自動設定]をクリックするかカラーピッカーで画像の地もしくはアルファチャンネルのエッジ部分の色を選択します。ここでは画像の地が赤色なので[自動設定]ボタンをクリックするとカラーエリアに赤色が表示されます。これはアルファチャンネルの不透明部分からこの赤色を除去することを意味しています。合成結果を見ると[アルファ]を[ストレート - マットなし]にした時に生じていた不透明部分やエッジの赤色が除去されています。

不透明部分やエッジの赤色が除去されている

［アルファ］を［合成チャンネル - カラーマット］に設定する

> **MEMO**
> アルファチャンネルの設定は読み込んだ後でも変更できます。方法は、プロジェクトパネルで読み込んだ素材を右クリックしてメニューから［フッテージを変換］の［メイン］を選ぶか、素材を選択した状態でパネル左下にある［フッテージを変換］ボタンをクリックしてダイアログボックスを開き、そこでアルファの設定を変更します。

3:アルファを反転する

01　［アルファを反転］にチェックを入れる

場合によっては合成する部分を反転させたい場合もあります。ロゴの中に映像を合成する場合などがそうで、この場合はフッテージ変換ダイアログボックスで［アルファを反転］にチェックを入れます。そうするとアルファチャンネルの黒い部分、ここでは画像の赤地の部分が不透明になります。

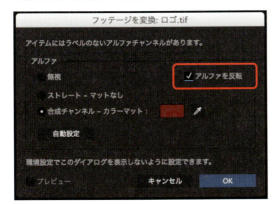

［アルファを反転］にチェックを入れる

アルファチャンネルが反転して読み込まれる

013 編集素材を読み込む

前回使った素材を読み込む

前回の編集で使用した素材をもう一度使いたい時に簡単に読み込むことができます。散らばった場所に保存されている素材を再度使う時に便利な機能です。また、よく使う素材をAdobe Bridgeでお気に入りに登録しておくといつでも簡単に読み込むことができます。

▶▶方法1　[最近のフッテージを読み込む]を選択する

▶▶方法2　Adobe Bridgeを利用する

▶▶方法1　[最近のフッテージを読み込む]を選択する

ファイルメニューか、プロジェクトパネル内を右クリックして[最近のフッテージを読み込む]を選びます。フッテージとは編集に使う素材のことで、ここには最近読み込んだフッテージの履歴が表示されるので読み込みたい素材ファイルを選んで読み込みます。

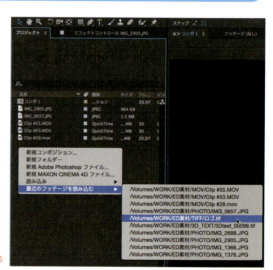

[最近のフッテージを読み込む]にフッテージの履歴が表示される

▶▶方法2　Adobe Bridgeを利用する

01　素材をAdobe Bridgeで表示する

よく使う素材に関してはAdobe Bridgeを使うとより便利に管理できます。まずプロジェクトパネルに読み込んだ素材の中から、よく使う素材を右クリックしてメニューの[Bridgeで表示]を選びます。

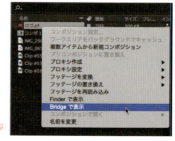

右クリックメニューから[Bridgeで表示]を選ぶ

02 Adobe Bridgeでお気に入りに追加する

Adobe Bridgeが起動し、選んだ素材ファイルが表示されます。Adobe BridgeはAdobe Creative Cloudで使用する素材を管理するツールで、ファイルの移動やコピー、新規フォルダの作成など、Windowsでのエクスプローラー、MacOSでのファインダーと同じ操作もおこなえます。ウインドウの左にあるのがお気に入りのエリアです。ここではあらじかめよく使う素材を格納するフォルダを作成して追加しておいたので、素材を右クリックしてこのフォルダにコピーします。

Adobe Bridgeのお気に入りに追加する

03 編集中にAdobe Bridgeを起動させる

編集中にお気に入りの素材を読み込む場合は、まずファイルメニューの[Bridgeで参照]を選んでAdobe Bridgeを起動します。

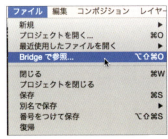

メニューの[Bridgeで参照]でAdobe Bridgeを起動する

04 Adobe Bridgeから素材を読み込む

ウィンドウ左のお気に入りのエリアのフォルダを選択して内容を表示し、読み込みたい素材をダブルクリックするとプロジェクトパネルに読み込まれます。

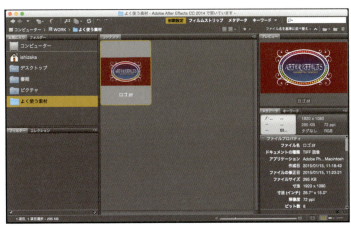

お気に入りに追加した素材を読み込む

043

014 編集素材を読み込む
読み込んだ素材をフォルダに分ける

読み込んだ素材をフォルダで整理することができます。ここで作成するフォルダはAfter Effectsでの編集のためのもので、Windowsでのエクスプローラーや MacOSのファインダーで作成するフォルダとは異なります。ですので、このフォルダに読み込んだ素材ファイルを移動しても元のファイルの保存場所が変わることはありません。

- ▶▶方法1　新規フォルダを作成する
- ▶▶方法2　フォルダの中にさらにフォルダを作成する

▶▶方法1　新規フォルダを作成する

01　［新規フォルダーを作成する］ボタンをクリックする

プロジェクトパネルの左下にある［新規フォルダーを作成する］ボタンをクリックしてフォルダを作成します。ファイルメニューの［新規］やプロジェクトパネル内の右クリックメニューからも新規フォルダを作成することができます。

［新規フォルダーを作成する］ボタンをクリックする

02　フォルダに名称をつける

作成された新規フォルダに名称をつけます。

新規フォルダに名称をつける

03 素材をフォルダに入れる

整理する素材をドラッグ&ドロップしてフォルダの中に入れます。

素材をドラッグしてフォルダに入れる

04 名称を変更する場合

フォルダの名称を変更する場合はフォルダを右クリックしてメニューから[名前を変更]を選ぶか、選択した状態でEnterキー（MacはReturnキー）を押します。フォルダ名称が入力待機状態になるので新しい名前を入力します。

フォルダを右クリックして名称を変更する

05 フォルダを削除する場合

フォルダを削除する場合は、フォルダを選択した状態でプロジェクトパネル下にあるゴミ箱マークの[選択したアイテムを削除]ボタンをクリックします。また、フォルダを選択した状態でDeleteキーを押しても削除することができます。

[選択したアイテムを削除]ボタンでフォルダを削除する

▶▶方法2　フォルダの中にさらにフォルダを作成する

01　既存のフォルダを選択して新規フォルダを作成する

フォルダの中にさらに新規フォルダを作成する場合は、まず既存のフォルダを選択し、その状態で[新規フォルダーを作成する]ボタンをクリックします。

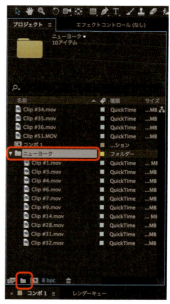

フォルダを選択した状態で[新規フォルダーを作成する]ボタンをクリックする

02　フォルダ内フォルダが作成される

選択したフォルダの中に新規フォルダが作成されるので、素材をドラッグ&ドロップして整理していきます。フォルダをドラッグして階層を変更することもできます。

フォルダの中に新規フォルダが作成される

015 編集素材を読み込む

静止画素材を設定した長さで読み込む

ムービー素材と違い静止画素材には再生する長さの情報がないので、映像編集に使用するためには長さの情報を加える必要があります。After Effectsに読み込む際に長さの情報を加えるわけですが、この長さを任意の時間に設定することができます。静止画を使ったスライドショーやコマ撮りアニメ風ムービーを作成する場合にも便利な機能です。

▶▶方法1　コンポジションの秒数で読み込む
▶▶方法2　指定した秒数で読み込む

▶▶方法1　コンポジションの秒数で読み込む

01　コンポジションの長さを設定する

例えば15秒間写真が画面を飛び回る、といった映像を作成するとします。この場合、編集の元となるコンポジションの長さは15秒で、その間飛び回っている静止画の長さも15秒に揃えた方が編集に便利です。そこでまず新規コンポジション作成時に現れるコンポジション設定ダイアログボックスで［デュレーション］を15秒に設定します。これで15秒の長さの映像を編集する準備が整いました。

コンポジション設定で秒数を設定する

02　［環境設定］の［読み込み設定］を呼び出す

読み込む静止画の長さを設定するために、まず編集メニュー（MacではAfter Effects CC）の［環境設定］から［読み込み設定］を選びます。

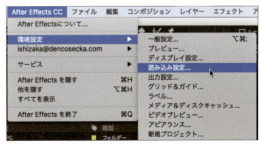

メニューから［読み込み設定］を選ぶ

047

03 [静止画フッテージ]を[コンポジションの長さ]にする

[環境設定]の[読み込み設定]で[静止画フッテージ]の[コンポジションの長さ]にチェックを入れます。これで静止画素材がすべてコンポジションと同じ長さで読み込まれるようになりました。設定が終わったら[OK]をクリックします。

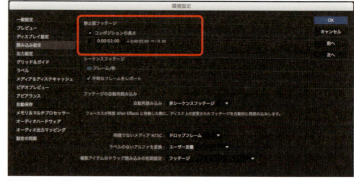

[静止画フッテージ]を[コンポジションの長さ]にチェックを入れる

04 静止画素材をタイムラインに配置する

読み込んだ静止画素材はコンポジションと同じ長さに設定されているので、タイムラインに配置するとコンポジションの長さにピッタリはまります。

静止画素材がコンポジションと同じ長さで読み込まれる

▶▶方法2 指定した秒数で読み込む

01 [静止画フッテージ]で秒数を指定する

[環境設定]の[読み込み設定]で[静止画フッテージ]の長さ指定の方にチェックを入れ、秒数を設定します。ここでは1秒に設定しました。設定が終わったら[OK]をクリックします。

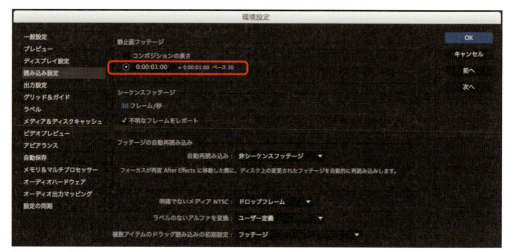

[静止画フッテージ]で読み込む秒数を指定する

02 静止画素材をタイムラインに配置する

読み込んだ静止画素材をタイムラインに配置するとすべて1秒の長さに設定されていることが分かります。

静止画素材が1秒で読み込まれる

03 スライドショーにする場合

静止画を階段状に配置することで1秒ずつ切り替わっていくスライドショーが完成します。階段状の並べ方は「029:素材を自動的にスライドショーにする」を参照してください。

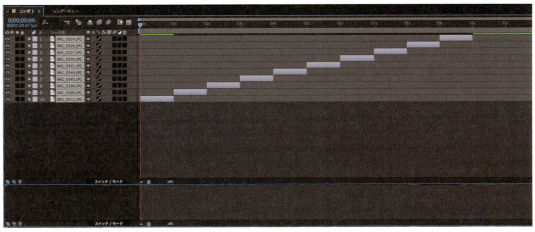

静止画を階段状に配置してスライドショーにする

016　編集素材を読み込む

PhotoshopやIllustratorの レイヤーを読み込む

PhotoshopやIllustratorにはレイヤー機能があり、画像の層をいくつも重ねて1つの画像を構成することがあります。このレイヤーをAfter Effectsの編集に使うことができ、例えばPhotoshopで作成した背景とロゴと飾りを別々に動かすといった編集が可能になります。ここではAfter Effectsにレイヤーを読み込む際の設定方法をPhotoshopのレイヤーを例に説明します。

▶▶方法1　すべてのレイヤーを1枚の画像として読み込む
▶▶方法2　特定のレイヤーだけを読み込む
▶▶方法3　レイヤー状態のまま読み込む

▶▶方法1　すべてのレイヤーを1枚の画像として読み込む

01　Photoshopのレイヤー構造

まずPhotoshopで作成した画像を見てみましょう。図のように背景、飾り、テキスト、ロゴ、といった11のレイヤーで構成されています。これらのレイヤーの読み込み方をこれから説明します。

レイヤーで構成されたPhotoshop画像

02　読み込むPhotoshopファイルを指定する

プロジェクトパネルをダブルクリックしてファイル読み込みダイアログボックスを開き、読み込むPhotoshopファイルを指定して[開く]をクリックします。

読み込むPhotoshopファイルを指定する

03 ［レイヤーを統合］に設定する

Photoshopファイルの読み込み設定ダイアログボックスが開くので、ここで読み込みの種類やレイヤーオプションを設定します。まずはすべてのレイヤーを統合して1枚の画像として読み込んでみましょう。画像は編集素材として使いたいので［読み込みの種類］は［フッテージ］にしておきます。次に、［レイヤーオプション］の［レイヤーを統合］にチェックを入れます。これで1枚の画像として読み込まれるので［OK］をクリックします。

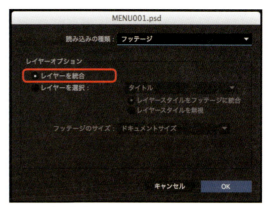

［レイヤーオプション］の［レイヤーを統合］にチェックを入れる

04 レイヤーが統合して読み込まれる

読み込まれたPhotoshopファイルはすべてのレイヤーが統合されて1枚の画像素材になっています。

すべてのレイヤーが統合して読み込まれる

▶▶方法2　特定のレイヤーだけを読み込む

01 読み込むレイヤーを指定する

Photoshopファイルの読み込み設定ダイアログボックスでレイヤーを指定して読み込む設定をします。まず、画像は編集素材として使いたいので［読み込みの種類］は［フッテージ］にしておきます。次に、［レイヤーオプション］の［レイヤーを選択］にチェックを入れ、プルダウンメニューで読み込むレイヤーを指定します。［OK］をクリックすると指定した1つのレイヤーだけが画像素材として読み込まれます。

［レイヤーを選択］にチェックを入れて読み込むレイヤーを指定する

051

02 指定したレイヤーが読み込まれる

指定したレイヤーだけが画像素材として読み込まれます。ここではタイトルのレイヤーを読み込みましたが、タイムラインに配置するとタイトルの画面上の位置は維持され、タイトル以外の部分が透明になっていることが分かります。
他のレイヤーも読み込みたい場合は、再び画像を読み込み、[レイヤーオプション]の[レイヤーを選択]で別のレイヤーを指定します。

指定したレイヤーが読み込まれる

▶▶方法3 レイヤー状態のまま読み込む

01 レイヤーをコンポジションとして読み込む

Photoshopのレイヤー構造をそのままAfter Effectsに持ってくれば個々のレイヤーを動かす編集をおこなう際に便利です。方法はPhotoshopファイルの読み込み設定ダイアログボックスで[読み込みの種類]を[コンポジション]にするだけです。Photoshopでレイヤースタイルを設定している場合は[レイヤーオプション]でレイヤースタイルをAfter Effectsで編集できるようにするかどうかの指定をします。

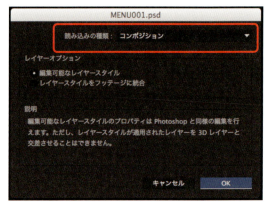

[読み込みの種類]を[コンポジション]にする

02 コンポジションとして読み込まれる

コンポジションとはAfter Effectsの編集データです。Photoshopファイルがファイル名と同じ名称のコンポジションとして読み込まれ、各レイヤーも「(ファイル名)レイヤー」という名称のフォルダ内に格納されます。コンポジションをダブルクリックして開くと、すべてのレイヤーが個々の編集素材としてタイムラインに配置されています。このコンポジションを元にレイヤーを動かすアニメーションが作成できますし、すべてのレイヤーを一度に読み込みたい時にも便利です。

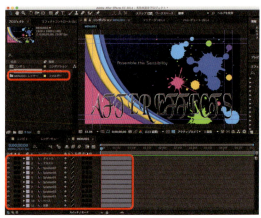

レイヤー構造がコンポジションデータとして読み込まれる

017　編集素材を読み込む

リンクが切れたファイルを読み込み直す

編集で使用するために読み込んだ素材ファイルの置き場所を変えたり名称を変更すると、再度編集データを開いた時にファイルが見つからないというアラートが表示され、そのファイルはカラーバーで表示されます。こういったリンクの切れたファイルを読み直す方法を説明します。また大量に読み込んだ素材の中からリンクの切れた素材を探す方法も紹介します。

- ▶▶方法1　フッテージを再度読み込む
- ▶▶方法2　フッテージを置き換える
- ▶▶方法3　リンクが切れたフッテージを検索する

▶▶方法1　フッテージを再度読み込む

01　素材ファイルのリンク切れアラートが表示される

一度After Effectsに読み込んだファイルを移動したり名称を変更すると、再度編集データを開いた時に図のようなアラートが出ます。これはリンクの切れたファイルが存在することを表すもので、表示されているリンク切れファイルの数を確認した後に[OK]をクリックします。

リンク切れフッテージが存在するアラート

02　リンク切れファイルがカラーバーで表示される

プロジェクトパネルを見ると、リンクの切れたファイルがカラーバーで表示されています。このカラーバーで表示されたファイルがタイムラインに配置されている場合は、コンポジションパネルにもカラーバーが表示されます。

リンクの切れたファイルはカラーバーで表示される

053

03 読み込んだ時のファイルの場所を見る

プロジェクトパネルを横に広げると、[ファイルパス]という項目に読み込んだ時のファイルの置き場所が表示されています。移動したファイルをこの場所に戻せる場合は戻します。

[ファイルパス]に読み込んだ時のファイルの置き場所が表示されている

04 ファイルを再度読み込む

場所を戻したら、カラーバーで表示されているファイルを右クリックして[フッテージを再読み込み]を選択します。

右クリックして[フッテージを再読み込み]を選択する

05 ファイルのリンクが復帰する

ファイルのリンクが復帰して、カラーバーの表示が消えます。コンポジションパネルにもファイルの内容が表示されます。

リンクが復帰してカラーバーの表示が消える

▶▶方法2　フッテージを置き換える

01　ファイルを置き換える

リンクの切れたファイルが移動先から元に戻せなかったり名称を元に戻せない場合、あるいは別のファイルと差し替えたい場合は、読み込まれたファイルの情報を更新します。そのためにまずカラーバーで表示されているファイルを右クリックして［フッテージの置き換え］の［ファイル］を選択します。

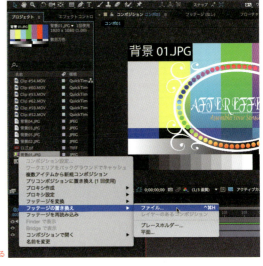

右クリックして［フッテージの置き換え］を選択する

02　置き換えるファイルを指定する

ダイアログボックスが表示されるので置き換えるファイルを指定して［開く］をクリックします。

置き換えるファイルを指定する

03　ファイルが置き換えられる

ファイルが置き換えられてカラーバーの表示が消えます。コンポジションパネルにもファイルの内容が表示されます。

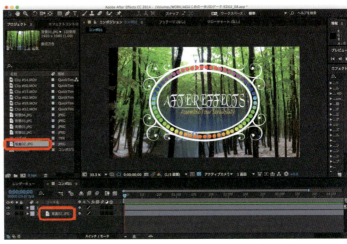

ファイルが置き換えられてカラーバーの表示が消える

▶▶方法3　リンクが切れたフッテージを検索する

01　リンクが切れたファイルを検索する

読み込んだファイルが多く、リンクの切れたファイルが簡単に見つからない場合は、プロジェクトパネルの検索機能を使います。方法は検索アイコンをクリックして［不明なフッテージ］を選択します。

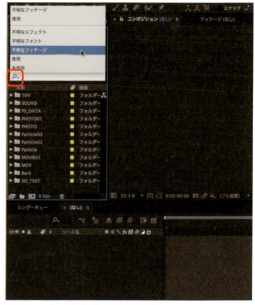

プロジェクトパネルの検索で［不明なフッテージ］を選ぶ

02　リンク切れのファイルが表示される

リンクの切れたファイルだけが表示されるので、後は前述の操作でリンクを復帰させるかファイルを置き換えてリンク切れを解消します。

リンク切れのファイルだけが表示される

018　編集素材を読み込む

不要な素材を消す

読みこんだ素材を整理するために不要なものを消去します。ここでは単純に選択した素材を消去する方法、編集に使用していない素材だけを検索して消去する方法を解説します。プロジェクトパネルで消去しても元のファイルはそのままなので、再び必要になった場合は再度読み込めます。

▶▶方法1　フッテージを削除する
▶▶方法2　未使用のフッテージを表示する
▶▶方法3　未使用のフッテージを削除する

▶▶方法1　フッテージを削除する

01　選択した素材を消す

消去したい素材を選択してdeleteキーを押すか、プロジェクトパネル下にあるバケツマークの消去ボタンをクリックします。

素材を選択してバケツマークをクリックする

02　消去アラートを確認する

消去しようとした素材が編集で使われている場合は図のようなアラートが現れます。ここで[削除]をクリックすると素材と一緒にタイムラインに配置した情報も消去されます。

編集に使用している素材の場合アラートが出る

057

▶▶方法2　未使用のフッテージを表示する

01　未使用の素材を検索する

読み込んだ素材の中で編集に使用していない素材を検索できます。方法はプロジェクトパネルの検索ボタンをクリックして[未使用]を選択します。

編集に使用していない素材を検索する

02　未使用の素材だけが表示される

プロジェクトパネルに編集に使用していない素材だけが表示されます。表示を元に戻す場合は検索エリアの右にある[×]マークをクリックします。

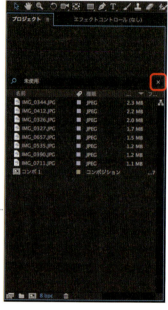
編集に使用していない素材だけが表示される

▶▶方法3　未使用のフッテージを削除する

ファイルメニューの[依存関係]で[未使用のフッテージを削除]を選びます。そうすると確認アラートが現れるので[OK]をクリックして未使用素材を消去します。

消去の確認アラートが表示される

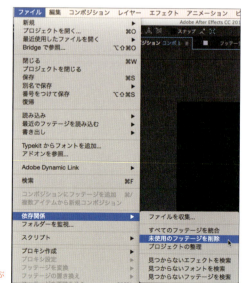
ファイルメニューの[未使用のフッテージを削除]を選ぶ

019　編集素材を読み込む

連番名のファイルを読み込む

3Dソフトで作成した映像を編集のためにAfter Effectsに受け渡す場合、名称に通し番号が入った静止画の連番ファイルで渡すことが一般的です。その理由は、1つは高画質で受け渡すため、もう1つは合成するためのアルファチャンネルを付けるためです。この連番ファイルをAfter Effectsで映像素材として取り扱うための読み込み方法を説明します。

▶▶方法1　連番名のファイルを読み込む

1:連番名のファイルを読み込む

01 連番ファイルを指定する

プロジェクトパネルをダブルクリックしてファイル読み込みダイアログボックスを開き、読み込みたい連番名のついたファイルのうち、どれか1つを選択して［（ファイル形式）シーケンス］にチェックを入れます。ここをチェックすると連番ファイルが映像素材（シーケンスファイル）として読み込まれます。

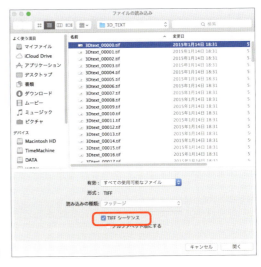

連番ファイルを映像素材として読み込む設定をする

02 静止画の連番ファイルが映像素材として読み込まれる

静止画の連番ファイルが映像素材として読み込まれます。タイムラインに配置すると映像素材と同じ扱いになっていることが分かります。

連番ファイルが映像素材として読み込まれる

複数の静止画が映像素材と同じ扱いで編集に使用できる

2：読み込みのフレームレートを設定する

01 読み込み設定を呼び出す

連番名の静止画ファイルを映像素材として読み込む際に、その映像のフレームレートを指定することができます。フレームレートとは1秒間に何コマ再生するかの設定で、ビデオは1秒間に30フレーム、映画では24フレーム、といった具合に編集のターゲットによりフレームレートは異なります。ここでは連番ファイルを1秒間に24フレームの映像素材として読み込む設定をします。まず編集メニュー（MacではAfter Effects CC）の［環境設定］から［読み込み設定］を選びます。

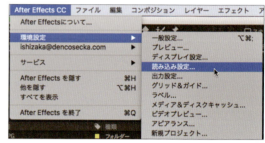

［環境設定］の［読み込み設定］を選ぶ

02 フレームレートを設定する

読み込み設定ダイアログボックスが表示されるので、［シーケンスフッテージ］を［24フレーム／秒］に設定します。これで連番ファイルは1秒間に24コマの映像素材として読み込まれます。［OK］をクリックしてダイアログを閉じます。

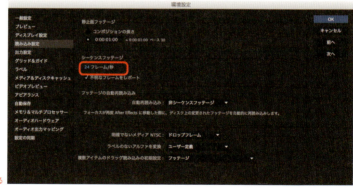

読み込む連番ファイルのフレームレートを設定する

03 読み込んだ連番静止画素材のフレームレートを確認する

プロジェクトパネルで読み込まれた素材を選択するとパネル上部に素材の情報が表示されます。この表示で素材のフレームレートが「24フレーム／秒」になっていることを確認します。

プロジェクトパネルでフレームレートを確認する

020 編集素材を読み込む

Premiere Pro の編集ファイルを読み込む

映像編集ソフトのPremiere Proで編集したデータをAfter Effectsに読み込みます。Premiere Proは映像をテレビ番組や映画のように編集することを得意としているので、まずPremiere Proで撮影した映像を編集してその編集結果にAfter Effectsで特殊効果を追加する、といった作業の連携の際に役立つ操作です。

▶▶方法1　Adobe Dynamic Link形式で読み込む

▶▶方法1　Adobe Dynamic Link形式で読み込む

01　Premiere Proの編集データを用意する

まずはじめにPremiere Proの編集データを見てみましょう。ここではPremiere Proで風景映像を編集して、その上にタイトルを乗せています。この編集結果をAfter Effectsに読み込むわけです。

Premiereでの編集画面

02　Premiere Proの編集ファイルを読み込む

After Effects上でプロジェクトパネルをダブルクリックしてファイル読み込みダイアログボックスを開き、読み込みたいPremiere Proの編集ファイルを選択して[開く]をクリックします。

Premiere Proの編集ファイルを指定して読み込む

061

03 | 読み込むシーケンスを選択する

Premiere Proでは1つの編集ファイルの中に複数の細かい編集データを持つことができます。この編集データを「シーケンス」と呼び、例えばオープニング、本編、エンディング、と別々のシーケンスで編集して最後にそれを新たなシーケンスで1つにまとめる、といった編集ができます。After Effectsに読み込む際に、どのシーケンスを読み込むのかをたずねられるので、読み込みたいシーケンスを選択します。ここでは「Opening」という名称のシーケンスを読み込むことにします。シーケンスを選んで[OK]をクリックします。

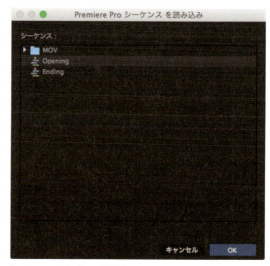

Premiere Proのシーケンスを選択する

04 | Premiere Proの編集結果が素材として読み込まれる

Premiere Proの編集結果が素材として読み込まれ、他の素材と同じように扱うことができます。読み込まれたファイルの種類は「Adobe Dynamic Link」というAdobeソフト同士でリンクする形式です。具体的にその機能を見てみましょう。

Premiere Proの編集ファイルが読み込まれる

05 | Premiere Proでの変更がAfter Effectsに反映される

Premiere Pro上でタイトルのスタイルを変更しました。再びAfter Effectsを開くと、Premiere Proでおこなった変更が自動的に反映されています。これがAdobe Dynamic Linkの機能です。

Premiere Proでタイトルのスタイルを変更する

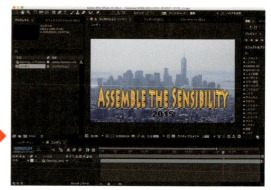

Premiere Proでの変更がAfter Effectsに反映される

021 編集素材を読み込む

After Effectsの編集ファイルを読み込む

After Effectsの編集データを、別のAfter Effectsの編集に読み込むことができます。編集結果を別の編集の素材として使用したり、他の編集で使用している多数の素材を使いたい場合などにこの機能を使います。読み込んだ編集データの扱いは複数のコンポジションを作成した場合と変わりません。

▶▶**方法1** After Effectsの編集ファイルを読み込む

プロジェクト.aep

▶▶**方法1** After Effectsの編集ファイルを読み込む

01 After Effectsの編集ファイルを読み込む

プロジェクトパネルをダブルクリックしてファイル読み込みダイアログボックスを開き、After Effectsで作成した編集ファイルを選択して[開く]をクリックします。

プロジェクトファイルを選ぶ

02 コンポジションとして読み込まれる

After Effectsの編集ファイルが読み込まれるとファイル名と同じフォルダの中にコンポジションと呼ばれる編集データと編集に使った素材が格納されます。これらの編集データは現在開いているプロジェクトで作成するコンポジションと同じ扱いで操作でき、読み込んだコンポジションを修正しても元の編集データに影響はありません。

編集ファイルが素材と一緒に読み込まれる

063

022　編集素材を読み込む

読み込んだ素材の情報を変更する

読み込んだ後に素材の情報を変更する方法を説明します。変更内容は、素材の持つアルファチャンネルの設定や、フレームレート、フィールド、ループなどで、間違った設定で読み込んだ素材を修正する時もここで説明する方法をおこないます。

▶▶方法1　フッテージを変換する

▶▶方法1　フッテージを変換する

01　[フッテージを変換]の[メイン]を選ぶ

情報を変更したい素材を右クリックして、メニューから[フッテージを変換]の[メイン]を選びます。

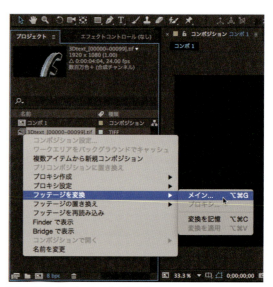

素材を右クリックして[フッテージを変換]を選ぶ

02 情報を変更する

フッテージを変換ダイアログボックスで素材の様々な情報を変更します。まず、素材にアルファチャンネルがある場合は、[アルファ]でアルファチャンネルの設定が変更できます。連番ファイルを間違ったフレームレートで読み込んだ場合は[フレームレート]で変更できます。その他、素材の開始タイムコードや走査線の設定などを変更できます。

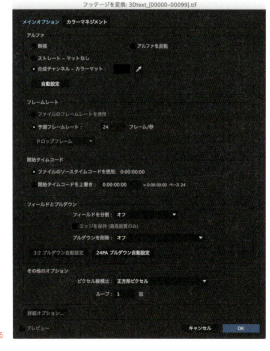

素材の様々な情報を変更することができる

03 素材をループさせる場合

フッテージを変換ダイアログボックスの項目の一番最後にある[その他のオプション]で素材のループ回数が設定できます。キラキラ光る光や回転するギアなどのループ素材はここでループ回数を設定して時間の長い素材として使用できます。ここでは1秒の長さのループ素材をタイムラインに配置してループを設定しました。そうすると、実際の長さ(1秒)からさらにループ分まで右に引き延ばすことができるようになります。

歯車が一回転する映像素材

[その他のオプション]の[ループ]で素材のループ回数を指定する

素材を指定したループ分まで引き延ばすことができる

065

023 素材を組み立てる

ムービーのサイズと長さを設定する

ムービーの編集を始める前に、これから作成するムービーのサイズと長さを設定します。After Effectsでは、コンポジションという編集のベースとなる箱のようなものを最初に用意します。このコンポジションの設定で、作成するムービーのサイズ、フレームレート、長さなどを決めてから編集をおこないます。長いムービーを作成する場合は、複数のコンポジションを組み合わせて出力することもあります。

▶▶方法1　コンポジションを作成する

▶▶方法1　コンポジションを作成する

01 コンポジション設定を表示する

コンポジションメニューで[新規コンポジション]を選択します。コンポジション設定ダイアログボックスが表示されます。

コンポジションメニューで[新規コンポジション]

コンポジション設定ダイアログボックス

02 設定をおこなう

コンポジション設定ダイアログボックスでムービーの設定をおこないます。

A ［コンポジション名］：
コンポジションの名前を入力します。この名前は出力する際にそのままムービー名にすることができます。

B ［プリセット］：
プルダウンメニューであらかじめ設定されたプリセットを選択することができます。

C ［幅と高さ］：
ムービーのフレームサイズを直接入力して設定します。［縦横比を固定］をオンにすると、入力したサイズの縦横比を固定したままサイズを変更することができます。

D ［ピクセル縦横比］：
ピクセル（サイズ入力で使用するpx単位のピクセル）の縦横比を、編集に使用する動画ファイルの種類に合わせてプルダウンメニューから選択します。

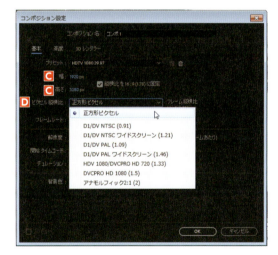

E［フレームレート］：
1秒間に使われるフレームの数を入力、またはプルダウンメニューから選択します。フレーム数が多いほどなめらかな動きになります。

F［ドロップフレーム／ノンドロップフレーム］：
フレームレートで29.97、59.94を選択している場合に、フレーム数のずれを補正する場合は［ドロップフレーム］を使用します。

G［解像度］：
レンダリングするピクセルの比率を設定します。
H［開始タイムコード］：
コンポジションの始まる時間を設定します。初期設定では0;00;00;00に設定されています。
I［デュレーション］：
コンポジションの長さを設定します。8秒のムービーを作成する場合は、0;00;08;00となります。または、800と入力すると8秒の設定になります。
J［背景色］：
コンポジションで使用する背景色を設定します。

024 素材を組み立てる

素材をタイムラインへ追加する

プロジェクトパネルに読み込んだ素材ファイルをコンポジションに追加します。追加したファイルはタイムラインでレイヤーとして表示されます。タイムライン上では、上にあるレイヤーが手前、下にあるレイヤーが背後という配置になります。

- ▶▶方法1 タイムラインへドラッグする
- ▶▶方法2 ファイルメニューから設定する
- ▶▶方法3 複数のファイルを選択して新規コンポジションを作成する

▶▶方法1 タイムラインへドラッグする

プロジェクトパネルで、編集に使用する素材ファイルを選び、タイムラインにドラッグします。複数のファイルを同時に選択してドラッグすることもできます。

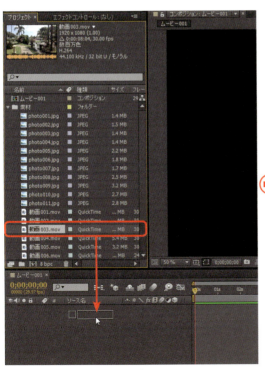

プロジェクトパネルからタイムラインにドラッグ

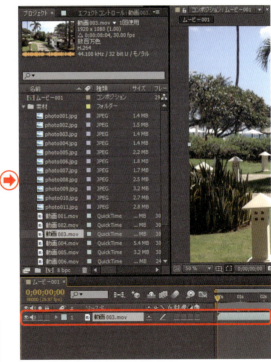

タイムラインに配置された

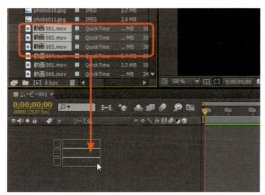
複数のファイルを同時にドラッグ

タイムラインに複数のファイルが配置された

▶▶方法2　ファイルメニューから設定する

プロジェクトパネルで編集に使用する素材ファイルを選択した状態で、ファイルメニューの[コンポジションにフッテージを追加]をクリックします（複数のファイルを同時に選択して追加することもできます）。タイムラインにファイルが配置されます。

プロジェクトパネルで素材ファイルを選択

ファイルメニューの[コンポジションにフッテージを追加]

タイムラインに配置される

▶▶方法3　複数のファイルを選択して新規コンポジションを作成する

01　ファイルを選択する

プロジェクトパネルで、編集に使用する素材ファイルを複数選択します。右クリック、またはファイルメニューから[複数アイテムから新規コンポジション]を選択します。

右クリックで[複数アイテムから新規コンポジション]を選択

ファイルメニューから選択することもできる

02　コンポジション設定をおこなう

[複数アイテムから新規コンポジション]ダイアログボックスで、コンポジションの設定をおこないます。

【作成】

A [1つのコンポジション]：複数の素材ファイルが1つのコンポジションの中に配置されます。

　[複数のコンポジション]：複数の素材ファイルの数だけコンポジションが作成され、1つずつ各ファイルが配置されます。

【オプション】

B [このアイテムのサイズを適用]：複数選択した素材ファイルから、ムービーのサイズを合わせる素材を選択します。

C [静止画のデュレーション]：静止画を選択している場合は、静止画が再生される時間を設定します。

D [レンダーキューに追加]：オンにすると作成時にコンポジションをレンダーキューに追加します。

E [シーケンスレイヤー]：オンにすると、複数の素材ファイルをタイムラインに階段状に配置します。[オーバーラップ]をオンにすると、フェードインフェードアウトの設定になり、デュレーションとトランジションで重ね方を設定することができます。

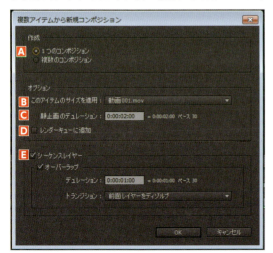

シーケンスレイヤーをオンにした例

025　素材を組み立てる

素材をムービーの再生順に並べる

コンポジションに追加したレイヤーを、再生順に配置します。タイムラインで、レイヤーを左右にドラッグして再生時間を設定します。時間が重なっている場合は上のレイヤーが手前、下のレイヤーが背後に表示されます。

▶▶方法1　レイヤーをドラッグする

▶▶方法1　レイヤーをドラッグする

複数のレイヤーが追加されたコンポジションで、レイヤーの再生時間を設定します。後半に再生したいレイヤーを選択して、右へドラッグします。この時、shiftキーを押しながらドラッグすると前のレイヤーが終了する時間にスナップされて、直後に配置することができます。

後半に再生したいレイヤーを選択して、右へドラッグ

後ろに配置された

026 素材を組み立てる

素材の使わない部分を削る

コンポジションに配置したレイヤーから、使用しない部分をカットします。カットの方法はレイヤーの長さを短くする方法と、レイヤーを分割し、使用しない部分を削除する方法があります。

- ▶▶方法1 　使用する部分だけトリミングする
- ▶▶方法2 　レイヤーを分割して削除する

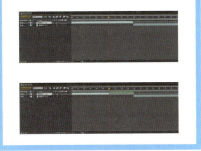

▶▶方法1　使用する部分だけトリミングする

レイヤーのインポイント（開始点）、またはアウトポイント（終了点）を左右にドラッグして、編集に使用する部分までカットします。レイヤーの左の端がインポイント、右の端がアウトポイントです。

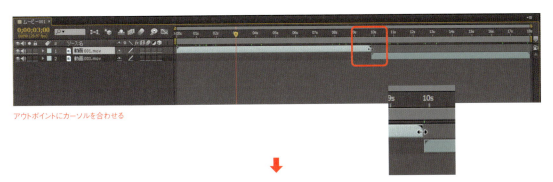

アウトポイントにカーソルを合わせる

左へドラッグする

▶▶方法2　レイヤーを分割して削除する

01　[現在の時間インジケーター]を配置する

レイヤーが長い場合などに、指定したタイミングで分割することができます。[現在の時間インジケーター]を、レイヤーの分割したい時点へ移動しておきます。

[現在の時間インジケーター]を、レイヤーの分割したい時点へ移動

02　レイヤーを分割する

分割したいレイヤーを選択して、編集メニューの[レイヤーを分割]を選択します。タイムラインで、レイヤーが2つに分割されていることを確認します。

編集メニューの[レイヤーを分割]

タイムラインで、レイヤーが2つに分割された

03　使用しないレイヤーを削除する

分割してできたレイヤーのうち、編集に使用しない方を選択してキーボードのdeleteキーを押して削除します。

deleteキーを押して削除する

027 素材を組み立てる

同じ素材を何度も使う

すでにコンポジションに追加されたレイヤーを複製して使うことができます。レイヤーに適用したエフェクトや、キーフレームを使った動きの設定も合わせて複製できるので、同じ設定を繰り返す必要がありません。

▶▶方法1　レイヤーを複製する
▶▶方法2　レイヤーをコピー&ペーストする

▶▶方法1　レイヤーを複製する

タイムラインでレイヤーを選択した状態にします。編集メニューの[複製]を選択すると、レイヤーが同じコンポジション内に複製されます。

レイヤーを選択する

レイヤーが同じコンポジション内に複製された

編集メニューの[複製]

075

▶▶方法2　レイヤーをコピー&ペーストする

01　レイヤーをコピーする

タイムラインに配置されたレイヤーをクリックして、選択した状態にします。編集メニューの[コピー]を選択します。

レイヤーをクリックして選択

編集メニューの[コピー]を選択

02　レイヤーをペーストする

レイヤーをペーストするコンポジションを開いて（同じコンポジションにペーストする場合はこの作業は必要ありません）、編集メニューの[ペースト]を選択します。レイヤーがペーストされます

レイヤーをペーストするコンポジションを開く

レイヤーが別のコンポジションにペーストされた

編集メニューの[ペースト]を選択

MEMO
複製とコピー&ペーストは、何度も作業を繰り返すことが多いので、キーボードショートカットを覚えておくと便利です。

	Windows	Mac
コピー	Ctrl+C	⌘+C
ペースト	Ctrl+V	⌘+V
複製	Ctrl+D	⌘+D

028 素材を組み立てる

複数の素材を1つにまとめる

コンポジションの中に配置している複数のレイヤーを、別のコンポジションとして1つにまとめる（プリコンポーズ）ことができます。1つのレイヤーのみをプリコンポーズして、コンポジションにすることも可能です。また、コンポジションの中に別のコンポジションを追加して入れ子に（ネスト化）することもできます。

▶▶方法1　別コンポジションにまとめる（プリコンポーズ）
▶▶方法2　コンポジションを入れ子にする（ネスト化）

プリコンポーズされたレイヤー

ネスト化されたコンポジション

▶▶方法1　別コンポジションにまとめる（プリコンポーズ）

01 まとめるレイヤーを選択する

タイムラインで、まとめるレイヤーをすべて選択した状態にします。キーボードのshiftキーを押しながらレイヤーをクリックすると、複数のレイヤーを同時に選択することができます。

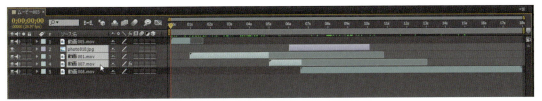

まとめるレイヤーをすべて選択

02 プリコンポーズする

レイヤーメニューからまたは右クリックで[プリコンポーズ]を選択します。

レイヤーメニューで[プリコンポーズ]

右クリックで[プリコンポーズ]

077

プリコンポーズダイアログボックスが表示されるので、設定をおこないます。

A [新規コンポジション名]：
プリコンポーズして新しく作成されるコンポジションの名前を入力します。初期設定では[プリコンポジション1]と設定されています。

B [すべての属性を[(レイヤー名)]に残す]：
レイヤーを1つだけプリコンポーズする場合に選択できます。レイヤーにエフェクトなどが適用されている際に、エフェクトはレイヤー上ではなくコンポジションに対して適用されます。

C [すべての属性を新規コンポジションに移動]：
複数のレイヤーをプリコンポーズする場合に選択するメニューです。エフェクトなどの設定はレイヤーに適用された状態でコンポジションにまとめられます。

D [選択したレイヤーの長さに合わせてコンポジションのデュレーションを調整する]：
選択したレイヤーの長さのコンポジションが作成されます。

E [新規コンポジションを開く]：
プリコンポーズして作成されるコンポジションを開きます。

ここでは、[すべての属性を新規コンポジションに移動]を選択して、[選択したレイヤーの長さに合わせてコンポジションのデュレーションを調整する]をオンに設定しています。設定が終了したら、OKをクリックします。

03 コンポジションを確認する

プリコンポーズされたコンポジションを確認します。タイムライン内にあった複数のレイヤーが1つのコンポジションにまとめられ、プリコンポジションレイヤーとして配置されています。プリコンポジションレイヤーをダブルクリックしてコンポジションを開くと、元のレイヤーを確認することができます。

複数のレイヤー（photo10.jpg、動画001.mov、動画007.mov）が1つのコンポジション（プリコンポジション1）にまとめられた

プリコンポジションレイヤーをダブルクリックすると元のレイヤー（photo10.jpg、動画001.mov、動画007.mov）を確認できる

▶▶方法2　コンポジションを入れ子にする（ネスト化）

タイムラインに素材ファイルと同じようにコンポジションを追加して、レイヤーとして扱います。プロジェクトパネルからコンポジションをタイムラインへドラッグして、レイヤーと同じように編集、効果を適用することができます。

プロジェクトパネルからコンポジションをタイムラインへドラッグ

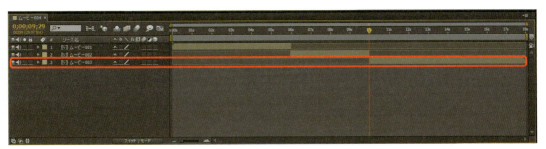

タイムラインに配置される

029　素材を組み立てる

素材を自動的にスライドショーにする

シーケンスレイヤー機能で、複数のレイヤーを自動的に同じ間隔の階段状に配置できます。フェードイン／アウトの設定もあるので、簡単にスライドショーを作成することが可能です。また、短いフレームで多くのレイヤーをシーケンスレイヤーで並べることでパラパラ漫画の作成にも使用できます。

▶▶方法1　[シーケンスレイヤー]を適用する

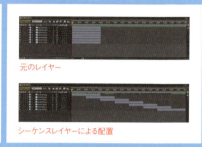

元のレイヤー

シーケンスレイヤーによる配置

▶▶方法1　[シーケンスレイヤー]を適用する

01　階段状に並べるレイヤーを選択する

階段状に並べたいレイヤーをすべて選択しておきます。

02　シーケンスレイヤーを適用する

アニメーションメニュー、または右クリックで、[キーフレーム補助]の[シーケンスレイヤー]を選択します。

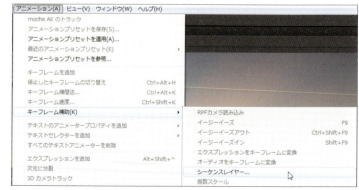

アニメーションメニュー[キーフレーム補助]の[シーケンスレイヤー]

080

03 シーケンスレイヤー設定

シーケンスレイヤーダイアログボックスで設定をおこないます。

シーケンスレイヤー設定

A［オーバーラップ］：オンにすると、階段状に並べるレイヤーが重なり合います。オフにすると、前のレイヤーのアウトポイントに次のレイヤーのインポイントが繋がります。

B［デュレーション］：オーバーラップをオンにした場合に、レイヤーが重なる時間を数値で設定します。

C［トランジション］：オーバーラップをオンにした場合に、レイヤー間にフェードイン／アウトの効果を加えます。

　　［オフ］フェードイン／アウトの効果なし
　　［前面レイヤーをディゾルブ］
　　上のレイヤーが徐々に透明になって消える
　　［前面レイヤーと背面レイヤーをクロスディゾルブ］
　　上のレイヤーが徐々に透明になって消え、同時に下のレイヤーが徐々に現れる

トランジションプルダウンメニュー

オーバーラップオフで設定した例

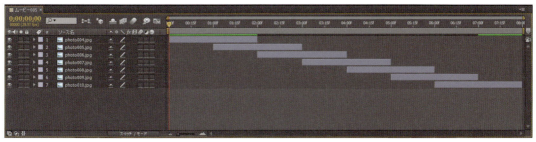

オーバーラップオン、デュレーション1秒で設定した例

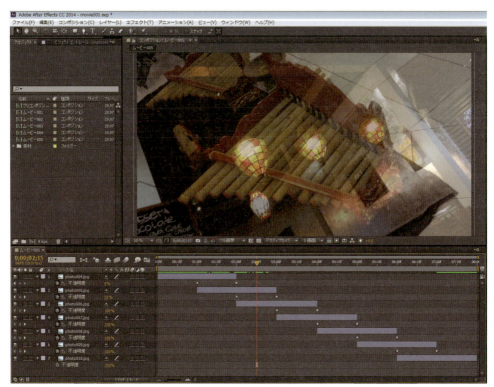

オーバーラップオン、トランジション[前面レイヤーをディゾルブ]で設定した例

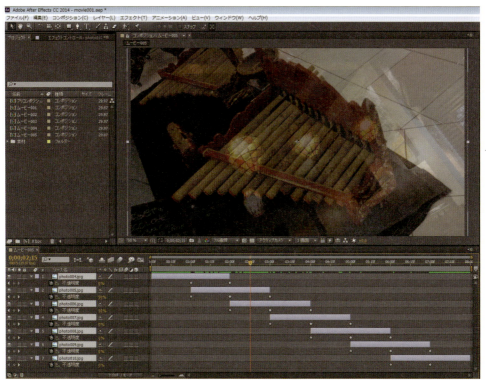

オーバーラップオン、トランジション[前面レイヤーと背面レイヤーをクロスディゾルブ]で設定した例

030 素材を組み立てる
素材を画面内で整列させる

複数のレイヤーがコンポジションにバラバラに配置されているような場合に、選択したレイヤーを垂直または水平に整列させることができます。等間隔に並べなおす（均等配置する）こともできます。小さなレイヤーを複数同時に使用する場合などに便利な機能です。

▶▶方法1　［整列パネル］を使う

1:整列パネルの表示と設定

ウィンドウメニューで［整列］をオンにします。整列パネルが表示されます。
整列、配置させたいレイヤーを選択すると［レイヤーを整列］のプルダウンメニューから［選択範囲］［コンポジション］が選択できるようになります。

A［選択範囲］：選択したレイヤー同士で配置位置を整列させます。
B［コンポジション］：コンポジションのサイズ（幅、高さ）を基準にレイヤーを整列させます。

ウィンドウメニューで［整列］をオンにする

整列パネル

［レイヤーを整列］のプルダウンメニュー

2:レイヤーを整列させる

タイムラインで、整列させたいレイヤーをすべて選択します。複数のレイヤーを選択するには、キーボードのshiftキーを押しながらクリックします。整列パネルの[レイヤーを整列]ボタンをクリックします。縦一列に整列させる場合は[水平方向]、横一列に整列させる場合は[垂直方向]に設定します。

A[水平方向の左に整列]：
選択したレイヤーの、もっとも左側にあるレイヤーに沿って整列します。
B[水平方向の中央に整列]：
選択したレイヤー全体の中央に整列します。
C[水平方向の右に整列]：
選択したレイヤーの、もっとも右にあるレイヤーに沿って整列します。

D[垂直方向の上に整列]：
選択したレイヤーの、もっとも上にあるレイヤーに沿って整列します。
E[垂直方向の中央に整列]：
選択したレイヤーの全体の中央に整列します。
F[垂直方向の下に整列]：
選択したレイヤーの、もっとも下にあるレイヤーに沿って整列します。

元画像

A 水平方向の左に整列

元画像

E 垂直方向の中央に整列

3:レイヤーを配置させる

均等配置は、レイヤーの上下左右の辺と中心点を基準にして等間隔で配置し直します。均等配置させたいレイヤーを選択して、整列パネルの[レイヤーを配置]ボタンをクリックします。縦に均等配置させる場合は[水平方向]、横に均等配置させる場合は[垂直方向]に設定します。

A[垂直方向の上に配置]:
選択したレイヤーの上辺を基準に均等配置します。
B[垂直方向の中央に配置]:
選択したレイヤーの中心点を基準に均等配置します。
C[垂直方向の下に配置]:
選択したレイヤーの下辺を基準に均等配置します。

D[水平方向の左に配置]:
選択したレイヤーの左辺を基準に均等配置します。
E[水平方向の中央に配置]:
選択したレイヤーの中心点を基準に均等配置します。
F[水平方向の右に配置]:
選択したレイヤーの右辺を基準に均等配置します。

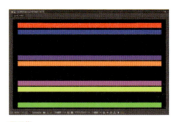
元画像

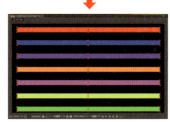
B垂直方向の中央に配置

元画像

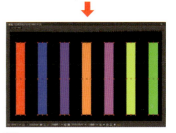
E水平方向の中央に配置

031 素材を組み立てる

素材の音を消す

撮影した動画の音源ではなく、他のオーディオファイルを使用する場合には、動画の音を消す必要があります。タイムラインで、レイヤーのオーディオスイッチのオン／オフを切り替えることができます。

▶▶方法1　レイヤーのオーディオスイッチをオフにする

▶▶方法1　レイヤーのオーディオスイッチをオフにする

タイムラインに配置したレイヤーの、オーディオ[オン／オフ]スイッチをクリックします。
オーディオアイコンが消えた状態で[オフ]になります。

オーディオ[オン／オフ]スイッチをクリック

オーディオアイコンが消えた状態が[オフ]

032　素材を組み立てる
プレビューする

最終的な出力の前に、ムービーの動きやタイミングを確認するためにプレビューを作成して再生します。プレビューはアプリケーションに割り当てられているRAMを使用して作成されるため、長時間のムービーやエフェクトが多く適用されているコンポジションでは、すべての再生ができない場合がありますが、プレビューの解像度を下げたり、必要な部分だけを再生して確認することができます。

▶▶方法1　プレビューを再生する
▶▶方法2　特定の時間を指定してプレビュー
▶▶方法3　高速レンダリングする

▶▶方法1　プレビューを再生する

After Effectsに割り当てられるRAMを使用して、プレビューを作成します。ウィンドウメニューから[プレビュー]を選択してプレビューパネルを表示しておきます。再生ボタンを押してプレビューを再生します（プレビュー作成には時間がかかる場合があります）。

【プレビューパネル】

A [最初のフレーム／前のフレーム／再生／一時停止／次のフレーム／最後のフレーム]：コンポジションをフレームごとに確認する場合に使用するボタンです。

B [ショートカット]：プレビューを再生、または停止するキーボードショートカットを選択します。初期設定では[スペースバー]に設定されています。

C [リセット]：プレビューパネルの内容を初期設定に戻します。

[埋め込み]

D [ビデオを含める]：オンにするとプレビューでビデオが再生されます。

E [オーディオを含める]：オンにするとプレビューでオーディオが再生されます。

F [オーバーレイおよびレイヤーコントロールを含む]：オンにすると、選択したレイヤーのグリッドやガイド、レイヤー移動の軌跡などのレイヤーコントロールをプレビュー上に表示します。

G [ループ]：プレビューのループ再生と一回のみ再生を選択します。

H [再生前にキャッシュ]：チェックボックスをクリックすると、再生開始前にフレームがキャッシュされます。

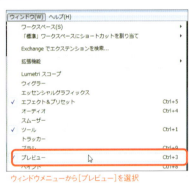
ウィンドウメニューから[プレビュー]を選択

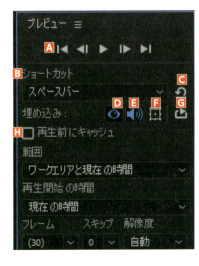

■[範囲]：プレビューを作成するフレーム範囲を［ワークエリア／ワークエリアと現在の時間／デュレーション全体／現在時間インジケーターの前後を再生］から選択します。

■[再生開始の時間]：プレビューを作成し始める時間を［範囲の先頭／現在の時間］から選択します。

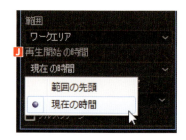

■[フレーム]：プレビューのフレームレートを指定します。
■[スキップ]：プレビュー再生中にスキップさせるフレーム数を指定します。
■[解像度]：プレビューの解像度を設定します。自動に設定すると、コンポジションの解像度で再生されます。
■[フルスクリーン]：チェックボックスをクリックすると、プレビューがフルスクリーンで再生されます。

▶▶方法2　特定の時間を指定してプレビュー

コンポジションのデュレーション（継続時間）が長い場合などに、プレビューが最後まで作成されないことがあります。このような場合は、プレビューで確認したい部分をワークエリアとして指定して、プレビューを作成します。まず、プレビューパネルの［範囲］を［ワークエリア］に指定しておきます。
タイムラインで、ワークエリアバーの始点と終点をそれぞれドラッグします。ワークエリアバーを移動する場合は、中央をドラッグします。プレビューを確認できたら、ワークエリアはコンポジションの長さに戻しておきましょう。

ワークエリアバーの始点をドラッグ

プレビューしたい最初の部分へ

ワークエリアバーの終点をドラッグ

▶▶方法3　高速レンダリングする

プレビューをより高速におこなうには、高速レンダリング（高速ドラフトプレビューモード）を使用します。コンポジションパネルの［高速プレビュー］ボタンをクリックして、［高速ドラフト］に設定します。

コンポジションパネルの［高速プレビュー］ボタンをクリック

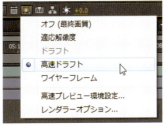

［高速ドラフト］に設定

089

033　素材を変形させる

サイズを変える

編集に使用する素材のサイズを変える方法は、直感的に変形させるか数値で正確に変形させるかによって変わってきます。直感的に変形させる場合はタイムラインに配置した素材を選択すると表示されるポイントをドラッグします。また、素材を一瞬で編集サイズに合わせる方法もあります。

▶▶方法1　ポイントをドラッグする
▶▶方法2　［＋］［－］キーをクリックする
▶▶方法3　数値を入力する
▶▶方法4　コンポジションのサイズに合わせる

▶▶方法1　ポイントをドラッグする

01　レイヤーハンドルを表示させる

タイムラインで素材を選択すると、コンポジションパネルに表示された素材の四隅と辺の中心にポイントが表示されます。このポイントは［レイヤーハンドル］と呼ばれ、ドラッグすることで素材を変形することができます。

タイムラインに配置した素材を選択する

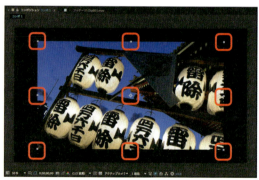

素材の四隅と辺の中心にポイントが表示される

02 レイヤーハンドルをドラッグする

縦横比に関係なく変形する場合は四隅のハンドルをドラッグします。縦か横方向にのみ変形する場合は辺の中心にあるハンドルをドラッグします。縦横比を保ったまま拡大／縮小する場合はshiftキーを押しながらハンドルをドラッグします。

レイヤーハンドルをドラッグして変形させる

03 元のサイズに戻すには

変形を取り消して元のサイズに戻す場合は、コンポジションパネルで素材を右クリックして［トランスフォーム］の［リセット］を選びます。

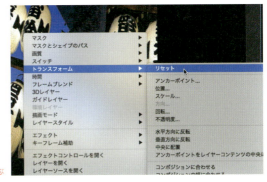

右クリックして［リセット］を選ぶ

▶▶方法2　［＋］［－］キーをクリックする

タイムラインで素材を選択し、その状態で、Altキー（Macはoptionキー）を押しながらテンキーの［＋］［－］キーを押すとレイヤーが1％ずつ拡大／縮小します。同時にshiftキーも押していると10％ずつ拡大／縮小されます。

タイムラインに配置した素材を選択する

WindowsではAltキー、Macではoptionキーを押しながら［＋］［－］キーで拡大／縮小する

▶▶方法3　数値を入力する

01　[スケール] プロパティを表示する

タイムラインで素材を選択し、[s]キーを押すと[スケール]プロパティだけが表示されます。

素材の[スケール]プロパティを表示する

02　プロパティの数値を変更する

[スケール]プロパティに大きさの比率が表示されているので、この値を変更して素材のサイズを変更します。キーボードを使う方法では、数字を選択して数値を直接入力、数字を選択して[↑][↓]キーで1%ずつ変更、数字を選択してshiftキーを押しながら[↑][↓]キーで10%ずつ変更、という方法があります。

[スケール]の数値を変更する

03　数値の上をドラッグする

マウスやトラックパッドを使う方法では、数字の上を左右にドラッグして数値を変更します。

数字の上をドラッグすると数値が上下する

04 縦横比率の固定と解除

プロパティの鎖アイコンは縦横比の固定です。クリックして固定を解除すると縦と横の値を個別に変更することができます。再び固定すると同時に縦横の数値を揃える場合は、Altキー（Macではoptionキー）を押しながら鎖アイコンをクリックします。

鎖アイコンで縦横比の固定と解除をする

05 ［値を編集］を選ぶ

比率ではなく、ピクセルやミリメートルといった単位の数値で指定することもできます。方法はまず［スケール］プロパティの数字を右クリックして［値を編集］を選びます。

右クリックして［値を編集］を選ぶ

06 単位を変更して入力する

［スケール］ダイアログボックスが表示されるので、ここで指定する単位を選び、ピクセル、インチ、ミリメートルの数値を入力します。比率での変形では、コンポジションに対する比率で指定することもできます。

▶▶方法4　コンポジションのサイズに合わせる

タイムラインもしくはコンポジションパネルで素材を右クリックしてメニューを表示させます。メニューの［トランスフォーム］にある［コンポジションに合わせる］［コンポジションの幅に合わせる］［コンポジションの高さに合わせる］で素材をコンポジションのサイズに合わせることができます。また、サイズを指定する［スケール］ダイアログボックスはこのメニューの［スケール］で呼び出すこともできます。

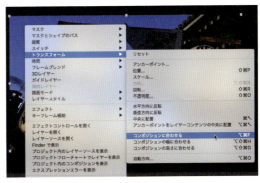

右クリックメニューで［トランスフォーム］を選ぶ

034　素材を変形させる

水平・垂直に反転させる

タイムラインに配置した素材を左右あるいは垂直に反転させる方法を説明します。方法は2つあり、1つはメニューの[トランスフォーム]を選ぶ方法。もう1つは素材の[スケール]プロパティで反転させる方法です。[スケール]プロパティによる反転は一見特殊な方法に感じるかもしれませんが、反転した後に数パーセント縮小するなど、応用の効く方法です。

▶▶方法1　[トランスフォーム]メニューを使う
▶▶方法2　[スケール]プロパティで[-]の数値を入力する

▶▶方法1　[トランスフォーム]メニューを使う

01 右クリックメニューの[トランスフォーム]を選ぶ

素材を選択し、レイヤーメニューもしくは右クリックメニューの[トランスフォーム]から[水平方向に反転]あるいは[垂直方向に反転]を選びます。

タイムラインに配置した素材を選択する

右クリックしてメニューから[トランスフォーム]を選ぶ

02 [水平方向に反転]か[垂直方向に反転]を選ぶ

[トランスフォーム]で[水平方向に反転]を選ぶと素材が水平反転し、[垂直方向に反転]を選ぶと垂直反転します。

[トランスフォーム]で素材が水平反転や垂直反転する

▶▶方法2　[スケール] プロパティで [−] の数値を入力する

01　素材の [スケール] プロパティで縦横比率の固定を解除する

タイムラインで素材を選択し、[s]キーを押すと[スケール]プロパティだけが表示されます。[スケール]プロパティの鎖アイコンは縦横比の固定なので、これをクリックして固定を解除します。

素材の[スケール]プロパティを表示して縦横比率の固定を解除する

02　[スケール] プロパティで水平反転する

[スケール]プロパティの左の値が素材の水平方向のスケールです。この値を「-100」にすると素材が水平反転されます。

[スケール]プロパティの左の値を「-100」にする

素材が水平反転される

03　[スケール] プロパティで垂直反転する

[スケール]プロパティの右の値が素材の垂直方向のスケールです。この値を「-100」にすると素材が垂直反転されます。

[スケール]プロパティの右の値を「-100」にする

素材が垂直反転される

回転させる

素材を回転させる方法は多様です。大きく分けると、ツールで回転させる方法と、数値で回転させる方法の2種類があります。[＋][－]キーで回転させる方法は、一見特殊ですが使い慣れると便利な方法です。回転はアニメーションでも多用する操作ですので身につけておくと便利です。

- ▶▶方法1　回転ツールを使う
- ▶▶方法2　[トランスフォーム]メニューを使う
- ▶▶方法3　[回転]プロパティを使う
- ▶▶方法4　[＋][－]キーを使う
- ▶▶方法5　回転の中心を変更する

▶▶方法1　回転ツールを使う

01 回転ツールを選択する

素材を回転させるために回転ツールを選択します。

回転ツールを選択する

02 素材をドラッグして回転させる

コンポジションパネルで素材をドラッグすると回転します。この時shiftキーを押しながらドラッグすると45°ずつ回転します。

回転ツールで素材をドラッグする

▶▶方法2　[トランスフォーム]メニューを使う

01　右クリックメニューの[トランスフォーム]を選ぶ

素材を選択し、レイヤーメニューもしくは右クリックメニューの[トランスフォーム]から[回転]を選びます。

タイムラインに配置した素材を選択する

右クリックしてメニューから[トランスフォーム]の[回転]を選ぶ

02　角度を入力する

回転ダイアログボックスが現れるので、角度を入力して[OK]をクリックします。ここにある[回転]の数値に関してはプロパティで回転させる方法で説明します。

回転ダイアログボックスで角度を指定する

▶▶方法3　[回転]プロパティを使う

01　[回転]プロパティを表示する

タイムラインで素材を選択し、[R]キーを押すと[回転]プロパティだけが表示されます。回転のプロパティは[0×+0.0°]と表示され、冒頭の[0×]は回転数、後半の[+0.0°]は角度です。例えば、[1×]は1回転で、[1×+0.0°]は360度回転を意味します。

素材の[回転]プロパティを表示する

| 02 | プロパティの数値を変更する |

[回転]プロパティに角度が表示されているので、この値を変更して素材の角度を変更します。キーボードを使う方法では、数字を選択して数値を直接入力、数字を選択して[↑][↓]キーで1°ずつ変更、数字を選択してshiftキーを押しながら[↑][↓]キーで10°ずつ変更、といった方法があります。

[回転]の数値を変更する

| 03 | 数値の上をドラッグする |

マウスやトラックパッドを使う方法では、数字の上を左右にドラッグして数値を変更します。

数字の上をドラッグすると数値が上下する

▶▶方法4　［＋］［－］キーを使う

タイムラインで素材を選択し、その状態でテンキーの［＋］［－］キーを押すとレイヤーが1°ずつ回転します。同時にshiftキーも押していると10°ずつ回転します。

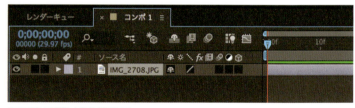

タイムラインに配置した素材を選択する

［＋］［－］キーで回転する

▶▶方法5　回転の中心を変更する

01　アンカーポイントツールを選ぶ

素材の回転中心位置は初期設定では素材の中央になっています。これを変更するために、まずアンカーポイントツールを選びます。

アンカーポイントツールを選ぶ

02　アンカーポイントをドラッグする

素材を選択すると、中心位置にアンカーポイントのマークが表示されます。アンカーポイントとは素材の回転や変形の中心位置のことで、このマークをアンカーポイントツールでドラッグするとアンカーポイントの位置が変わります。shiftキーを押しながらドラッグすると水平か垂直方向に移動します。

アンカーポイントをドラッグして移動する

03　素材を回転させる

素材を回転させると、素材がアンカーポイントを中心に回転します。

アンカーポイントを中心に回る

04　アンカーポイントの位置を中心に戻すには

アンカーポイントを初期位置の素材中央に戻す場合は[トランスフォーム]プロパティを使います。まずタイムラインに配置した素材で名称の左にある三角マークをクリックしてプロパティを表示します。

[トランスフォーム]プロパティをリセットする

[トランスフォーム]プロパティは素材の位置やスケールなどの情報で、[トランスフォーム]の右にある[リセット]をクリックするとすべてのプロパティが初期値に戻ります。アンカーポイントだけをリセットする場合は[アンカーポイント]を右クリックして[リセット]を選びます。これでアンカーポイントは初期位置の素材中央に戻ります。素材を回転させた状態でアンカーポイントだけをリセットすると、素材中央を中心に回転した状態になります。

036 素材を変形させる

歪ませる

素材の四隅を個別に移動させて歪ませる場合はエフェクトを使います。素材に[コーナーピン]エフェクトを適用して四隅を移動しますが、移動にはドラッグする方法と数値を変更して移動させる2種類の方法があります。目的に応じて使い分けてください。

[コーナーピン]エフェクトを適用する
- ▶▶方法1　ドラッグで歪ませる
- ▶▶方法2　ポイントをクリックして歪ませる
- ▶▶方法3　数値で歪ませる

[コーナーピン]エフェクトを適用する

素材を選択し、エフェクトメニューの[ディストーション]から[コーナーピン]を選ぶか、エフェクト&プリセットパネルの[ディストーション]で[コーナーピン]をダブルクリックします。これで素材に[コーナーピン]エフェクトが適用され、エフェクトコントロールパネルに[コーナーピン]エフェクトのプロパティが表示されます。

素材に[コーナーピン]エフェクトを適用する

▶▶方法1　ドラッグで歪ませる

エフェクト&プリセットパネルで[コーナーピン]が選択されているとコンポジションパネルの素材の四隅にハンドルが表示されます。このハンドルをドラッグすると素材が歪みます。

コーナーのハンドルをドラッグする

▶▶方法2　ポイントをクリックして歪ませる

エフェクトコントロールパネルの［コーナーピン］のプロパティには四隅の名称とその座標が表示されています。そこにあるポイントマークをクリックしてコンポジションパネル上にポインタを持ってくるとポインタの上下左右にラインが現れてターゲット状態になります。この状態で任意の場所をクリックすると、選択したコーナーのハンドルが移動します。

プロパティのポイントマークをクリックする

コンポジションパネルでコーナーの移動先をクリックする

▶▶方法3　数値で歪ませる

数値で正確に歪ませる場合はエフェクトコントロールパネルの［コーナーピン］のプロパティで各コーナーの座標値を入力します。座標値は左が水平位置で右が垂直位置です。キーボードを使う方法では、数字を選択して数値を直接入力、数字を選択して［↑］［↓］キーで1ピクセルずつ変更、数字を選択してshiftキーを押しながら［↑］［↓］キーで10ピクセルずつ変更、といった方法があります。歪みを元に戻す場合はプロパティの一番上にある［リセット］をクリックします。

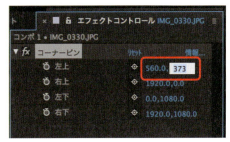

プロパティの数値を変更する

マウスやトラックパッドを使う方法では、数字の上を左右にドラッグして数値を変更します。

数字の上をドラッグすると数値が上下する

101

037 効果付きで素材を切り替える

素材を変形させる

スライドショーの効果で、次の写真が次第に浮かび上がってきたりカーテンが開くように現れる、といった画面切り替えの効果があります。こういった効果を「トランジション」といい、After Effectsでは主にエフェクトを使って効果をつけます。ここでは、次の素材が次第に浮かび上がって切り替わる効果と、エフェクトを使った切り替え効果の2種類を説明します。

▶▶方法1 ［不透明度］プロパティを使う
▶▶方法2 エフェクトで切り替える

▶▶方法1 ［不透明度］プロパティを使う

01 2つの素材を配置する

不透明度を使って、2番目の素材が次第に浮かび上がってくる効果をつくります。まず切り替わる2つの素材をタイムラインに配置します。まったく同じように重ねてもかまいませんが、ここでは効果の設定フレームが分かりやすいようにトランジションの時間分だけ重ねて2つの素材を配置しました。トランジションは1秒間に設定してみましょう。ですので、1秒分重ねて配置します。

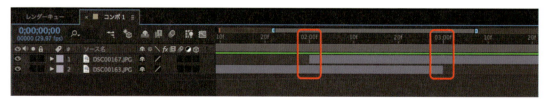

タイムラインに2つの素材を重なるように配置する

1番目の素材

2番目の素材

02　2番目の素材の[不透明度]プロパティを表示する

2番目の素材を選択し、[T]キーを押して[不透明度]プロパティだけを表示します。

[不透明度]プロパティを表示する

03　トランジション開始点にキーフレームを設定する

トランジションの開始点に[現在の時間インジケーター]を移動して、[不透明度]プロパティのストップウォッチマークをクリックしてキーフレームを設定します。次にこのフレームでの不透明度を設定するわけですが、2番目の素材が次第に浮かび上がってくる効果なので、最初の不透明度は[0]にします。コンポジションパネルには1番目の素材だけが表示されます。

トランジション開始点に[不透明度]のキーフレームを設定して値を[0]にする

コンポジションパネルには1番目の素材だけが表示される

04　トランジション終了点にキーフレームを設定する

続いてトランジションの最後のフレームに[現在の時間インジケーター]を移動します。浮かび上がってくる最後のフレームなのでここでの不透明度の値を「100」にします。すでに別のフレームにキーフレームが設定されているので値を変化させるだけで自動的にキーフレームが設定されます。コンポジションパネルには2番目の素材だけが表示されます。これで2番目の素材が次第に浮かび上がってくる設定は完了です。

コンポジションパネルには2番目の素材だけが表示される

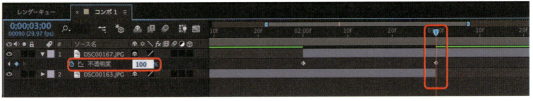
トランジション終了点に[不透明度]の値が[100]のキーフレームを設定する

05 2番目の素材が次第に浮かび上がってくる

プレビューすると2番目の素材の［不透明度］が「0」から「100」に変化して次第に浮かび上がってきます。これで完成です。

2番目の素材が次第に浮かび上がってくる

▶▶方法2　エフェクトで切り替える

01 2つの素材を配置する

切り替わる2つの素材をタイムラインに配置します。ここでもキーフレーム位置が分かりやすいようにトランジション分だけ重ねて配置しました。

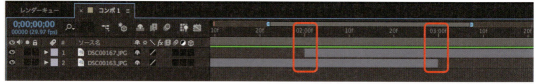

タイムラインに2つの素材を重なるように配置する

02 2番目の素材にトランジションエフェクトを適用する

2番目の素材を選択し、エフェクトメニューの［トランジション］か、エフェクト＆プリセットパネルの［トランジション］で任意のエフェクトを選んで適用します。［トランジション］に収録されているエフェクトはすべて画面切り替え効果のためのもので、基本的な設定方法はほぼ同じです。ここでは一番基本的な［リニアワイプ］を適用して設定方法を説明します。

2番目の素材に［トランジション］の［リニアワイプ］エフェクトを適用する

03　エフェクトで2番目の素材に切り替える

[現在の時間インジケーター]を、2つの素材が重なっているフレームに移動して、コンポジションパネルに2番目の素材を表示します。続いてエフェクトコントロールパネルで[リニアワイプ]のプロパティの中の[変換終了]の値を変化させてコンポジションパネルの表示がどう変わるかを確認します。

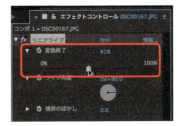
[変換終了]の値を変化させる

[変換終了]の値を下げると2番目の素材が右から現れる

数値に応じた変化を確認するのは、スライダを使うか数字上をドラッグする方法が便利です。[ワイプ角度]が初期設定の[90°]の場合、[変換終了]の値が「100」で1番目の素材だけが表示され、値を下げるにつれて右から2番目の素材が現れます。

04　[ワイプ角度]の値を変える

今度は[ワイプ角度]の値を「-90」にしてみます。すると[変換終了]の値を下げるに連れて、左から2番目の素材が現れます。

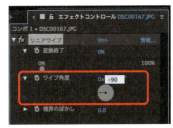
[ワイプ角度]の値を「-90°」にする

[変換終了]の値を下げると2番目の素材が左から現れる

05　トランジション開始点に[変換終了]のキーフレームを設定する

[ワイプ角度]の値を「-90」にしたままで、[変換終了]にキーフレームを設定して2番目の素材が画面の左から現れる効果を作成します。まずトランジションの開始フレームに[現在の時間インジケーター]を移動し、[変換終了]のストップウォッチマークをクリックして値を「100」にします。コンポジションパネルには1番目の素材だけが表示されます。

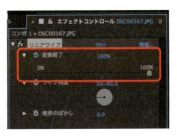
トランジション開始点に[変換終了]のキーフレームを設定して値を「100」にする

コンポジションパネルには1番目の素材だけが表示される

06 トランジション終了点に[変換終了]のキーフレームを設定する

2番目の素材を選んだ状態で[U]キーを押すとタイムラインにキーフレームが設定されたプロパティだけが表示されるので、[現在の時間インジケーター]をトランジションの最後のフレームに移動して[変換終了]の値を「0」にしてキーフレームを設定します。コンポジションパネルには2番目の素材だけが表示されます。これで[リニアワイプ]の設定は完了です。

コンポジションパネルには2番目の素材だけが表示される

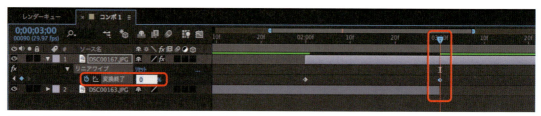

トランジション終了点に[変換終了]の値が[0]のキーフレームを設定する

07 ワイプをプレビューする

プレビューすると2番目の素材が画面の左から現れてきます。ここでは左から現れる設定にしましたが、[ワイプ角度]を変更することでいろいろな角度で現れるようにできます。

[リニアワイプ]エフェクトにより2番目の素材が画面の左から現れてくる

08 ワイプの境界をぼかす

切り替わりの境界線をぼかしたい場合はプロパティの[境界のぼかし]の値を上げます。スライダでは100が最大値ですが、数値入力では100以上の値を設定することもできます。

[境界のぼかし]の値を上げる

ワイプの境界線がぼける

| 038 | 素材を変形させる |

立体空間で素材を扱う

After Effectsの高度なアニメーション機能として3Dレイヤー機能があります。これは素材を立体空間で扱うもので、上下左右の情報以外に奥行きやカメラ、ライトといった、さながら3DCGアニメーションのような操作で映像作品を編集していきます。ここでは3Dレイヤーの概念を説明しますので、今後のステップアップの土台としてください。

▶▶方法1　3Dレイヤーを使う

1:3Dレイヤーを使う

01　[3Dレイヤー]にチェックを入れる

ここではまず通常の操作で静止画素材の上に中央揃えのテキストを作成しました。タイムラインでこれらの[3Dレイヤー]にチェックを入れて立体空間で扱うようにします。それだけでは、まだ何の変化もありません。

[3Dレイヤー]にチェックを入れる

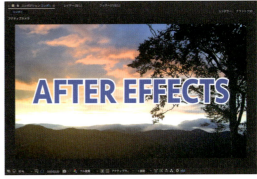

そのままの状態では変化がない

02　3D素材をドラッグして移動する

まずテキストを選択してみます。そうすると、テキストの中央下部に矢印が表示されます。テキストの段落が中央揃えなので矢印が中央に表示されましたが、テキストが左揃えの場合はテキストの左下に表示されます。

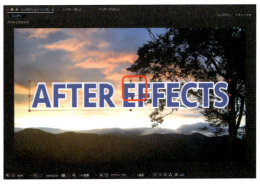

素材を選択すると3D空間の移動／回転用ハンドルが表示される

107

この矢印は3D素材の移動／回転用ハンドルで、緑色の矢印の上にポインタを持ってくるとポインタに「Y」の文字が現れ、その状態でドラッグすると垂直（Y軸）方向に移動します。同様に「X」の文字が現れる赤い矢印をドラッグすると、水平（X軸）方向に移動します。緑と赤の矢印の交差する部分では「Z」の文字が現れ、その状態でドラッグすると奥行き（Z軸）方向に移動します。これまで通り文字の部分をドラッグしても移動はできますが、3D空間の場合は奥行きも関わってくるので、単純なドラッグでは空間上の正確な場所が分からなくなる場合があります。そこで3D空間用のハンドルを使用するわけです。

03 3D素材を数値で移動する

素材を選択した状態で[P]キーを押すと［位置］プロパティだけが表示されます。プロパティを見ると、3つの数字が表示され、奥行きの座標が追加されていることが分かります。個々の数値の変更方法は平面の時と同じで、直接数値を入力、数字の上をドラッグ、数値を選択して[＋][－]キーを押す、といった操作で変更します。

［位置］プロパティで3D移動させる

04 テキスト3D素材をドラッグして回転する

3D素材を回転させてみましょう。［回転ツール］を選択して3D矢印をドラッグして回転させるわけですが、移動の時と同様にX、Y、Zの矢印上でドラッグすると、それぞれの軸を中心に回転します。自由に回転させたい場合は、素材の上をドラッグします。テキストを緑の矢印上でドラッグしてY軸を中心に回転させると、途中からテキストが端から消えていきます。これは3D空間ならではの現象なので、この現象を使って3D空間に関して説明します。

回転ツールを選ぶ

ハンドルをドラッグして三軸を中心に回転させる

05 画像3D素材をドラッグして回転する

今度はテキストの背景になっている画像素材を選択してY軸を中心に回転させます。そうするとテキストと画像がどのような状態になっているのかが分かります。先ほどのテキストが消えた現象は、3D回転させたために後ろにある画像素材に食い込んでいたのです。このように3D空間での編集ではタイムラインの上下に関係なく、位置情報で素材が見え隠れします。

画像素材を回転させるとテキストが画像素材に食い込んでいるのが分かる

06 3D素材を数値で回転する

素材を選択した状態で[R]キーを押すと[方向]と[回転]プロパティだけが表示されます。位置のプロパティと同様、回転の情報にも奥行きが含まれています。先ほどの矢印ドラッグによる回転をおこなうと[方向]の各軸の回転角度が変化します。数値で回転させる時もこの[方向]の値を変更して回転させます。では[回転]プロパティが何の値かというと、それは素材の初期状態です。3D素材では映像で部屋を作ることもでき、そういった場合に床の素材は横たわっているのが初期位置で、横の壁は90°回転しているのが初期位置となるわけです。ですので、まず[方向]で部屋の壁の位置を決め、その後[回転]でそれらを回転させる、というわけです。

[回転]プロパティで3D回転させる

2:視点を変える

01 通常のビューによる操作

通常の平面レイヤーでの視点で3D素材を移動、回転させると図のようにそれぞれの3D素材がどのような状態になっているのかが分からなくなります。そのために3D空間をいろいろな方向から見る「3Dビュー」という機能があります。

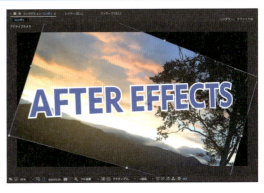

一方向からでは3D素材がどのような状態になっているのかが分かりにくい

02 3Dビューを切り替える

コンポジションパネル下部にある[3Dビュー]で3D空間を見る方向を切り替えることができます。

[3Dビュー]で3D空間を見る方向を切り替える

03 いろいろな角度からチェックする

いろいろな角度から見ることで3D素材がどのような状態になっているかを把握することができます。

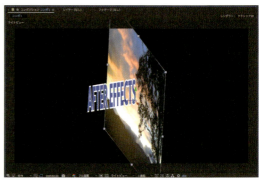

3D素材をいろいろな角度からチェックできる

3:カメラを追加する

01 新規カメラを作成する

3D空間を飛び回る映像を作成するためにカメラを追加します。このカメラから見た視点が完成映像になるわけです。方法は、まずレイヤーメニューの[新規]から[カメラ]を選びます。カメラの設定ダイアログボックスが表示されるので、カメラの設定をおこない[OK]をクリックします。

レイヤーメニューの[新規]から[カメラ]を選ぶ

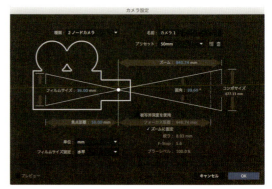

カメラの設定をする

タイムラインにカメラが追加されます。他の素材同様、カメラもタイムラインのキーフレームで動きを設定できます。

タイムラインにカメラが追加される

02 カメラツールを選択する

カメラの視点を操作するためにはカメラツールを使います。カメラツールをクリックすると4種類のカメラツールがあることが分かります。詳しい操作方法は省きますが、[総合カメラツール]はカメラの回転や移動といった全般の操作をおこない、[軌道カメラツール]は回転、[XY軸カメラツール]は上下左右の移動、[Z軸カメラツール]は奥行きの移動をおこないます。

カメラツールを選択する

03 カメラツールで カメラをコントロールする

カメラツールでコンポジションパネル内をドラッグするとカメラが動き、視点が変化します。これはカメラ自体を移動、回転させているからですが、客観的なカメラと素材の状態は前述の[3Dビュー]の切り替えで見ることができます。カメラからの視点は[3Dビュー]の[カメラ（番号）]で見ます。

用途に応じたカメラツールでカメラをコントロールする

4:ライトを追加する

01 新規ライトを作成する

3D空間ならではの機能にライトもあります。素材が立体に重なっているので、そこにライトを照射すればリアルな影や反射が生成されます。まずレイヤーメニューの[新規]から[ライト]を選びます。ライトの設定ダイアログボックスが表示されるので、ライトの種類や色、明るさなどの設定をおこない[OK]をクリックします。そうするとタイムラインにライトが追加されます。ライトをアニメーションさせる場合は他の素材同様、タイムラインのキーフレームで動きを設定します。

レイヤーメニューの[新規]から[ライト]を選ぶ

ライトの設定をする

タイムラインにライトが追加される

02 ライトを移動、回転させる

ライトの移動や回転は他の3D素材とまったく同じで3色の矢印の3Dハンドルでおこないます。唯一異なるのはライトの照射ターゲットが存在することです。3Dハンドルから伸びるラインの先にあるポイントをドラッグするとライトの照射先を設定できます。

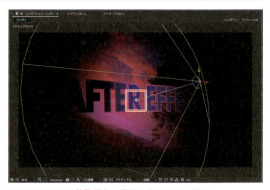
3Dハンドルでライトを移動・回転し、照射ターゲットをドラッグする

03 3D素材とライトの関係を設定する

3D素材はライトの影響をどのように受けるかが設定できます。ライトの影響をまったく受けない設定もできますし、他の素材に影を落とす、他の素材の影を映す、といった設定ができます。

3D素材のプロパティでライトとの関係を設定する

3D素材がライトの影響を受ける

039　素材を変形させる
素材の一部分だけを表示する

素材の一部分だけを表示する場合はその素材に「マスク」と呼ばれる領域を設定します。マスクは素材の一部分を表示する窓のようなもので、他の素材やエフェクトを使う方法もありますが、ここでは素材自体に四角や丸といった形状のマスクを追加する方法を解説します。

▶▶方法1　マスクを作成する

1:マスクを作成する

01　素材を選択する

マスクを作成して一部分だけを表示する素材を選択します。

マスクを作成する素材を選択する

この素材の一部分だけを表示する

02　マスクを描画する

シェイプツールを使って描画した形状がマスクの形状になります。ここではスターツールを選びました。コンポジションパネルに星形を描画すると、その星形の範囲だけが表示されます。これがマスクで、マスク以外の範囲には背景の黒が表示されます。この素材の下に他の素材が配置されている場合は、マスク以外の範囲にその素材が表示されます。

スターツールを選ぶ

コンポジションパネルに星形を描画する

2:マスクの移動と変形

01 マスクを選択する

マスクのエッジにポインタを持っていくとポインタが変化します。その状態でダブルクリックするとマスクが選択されます。

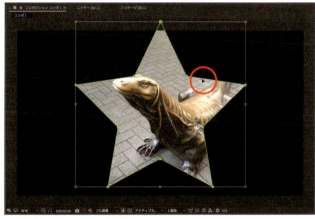

エッジをダブルクリックしてマスクを選択する

02 マスクを移動する

マスクの範囲内をドラッグするとマスクが移動します。マスクを選択せずにドラッグすると素材自体とマスクが一緒に移動します。

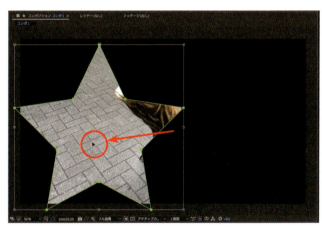

マスク範囲内をドラッグしてマスクを移動する

03 マスクを回転させる

マスクを選択した状態でマスク選択範囲の周囲にポインタを持っていくとポインタが回転マークに変わるので、その状態でドラッグするとマスクが回転します。

マスク選択範囲の周囲をドラッグしてマスクを回転させる

| 04 | マスクを拡大・縮小する |

マスク選択範囲の四隅と辺の中心にあるハンドルをドラッグするとマスクが拡大・縮小します。shiftキーを押したまま四隅をドラッグすると縦横比を保ったまま拡大・縮小されます。

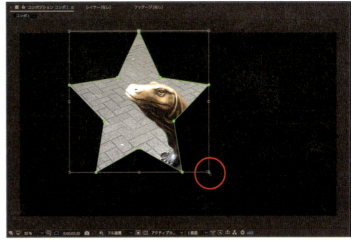

ハンドルをドラッグしてマスクを拡大・縮小させる

| 05 | マスクの形状を変える |

タイムラインで素材以外の部分をクリックして一度マスクの選択を外し、再び素材を選択します。その状態でマスクの頂点をクリックするとその頂点が選択されます。分かりづらいですが、選択された頂点は■、それ以外の頂点は□になっています。選択した頂点をドラッグするとマスクの形状が変化します。

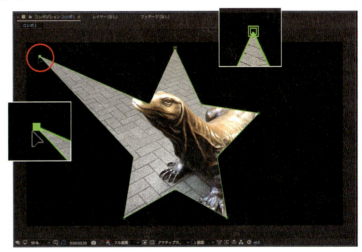

頂点をドラッグしてマスクの形状を変える

| 06 | マスクを消去する |

マスクを消去する操作はタイムラインでおこないます。タイムラインで素材のプロパティを開くと[マスク]というプロパティがあります。これがマスク情報のプロパティで、[マスク]プロパティを選択してdeleteキーを押すとマスクが消去されます。

マスクを選択して消去する

115

07 複数のマスク

マスクは複数作成できます。マスクの設定によりマスク同士の重なっている部分だけを表示する、あるいは隠すといったこともできます。

マスクを複数設定することもできる

08 複雑な形状のマスク

ペンツールを使うと複雑な形状のマスクを作成することができます。ペンツールの操作に関しては「087:好きな形の図形を加える」で説明します。

ペンツールを使った複雑な形状のマスク

3:マスクの設定

01 マスクを反転する

タイムラインで、マスクを設定した素材の名称の左にある三角マークをクリックしてプロパティを開きます。その中の[マスク(番号)]を開くとマスクの設定をおこなうプロパティがあります。右上にある[反転]にチェックを入れるとマスク範囲が反転し、マスク形状外の部分が表示されます。

マスク範囲が反転してマスク形状外の部分が表示される

マスクのプロパティで[反転]にチェックを入れる

02 マスクの境界をぼかす

[マスクの境界のぼかし]の値を上げるとマスクのエッジがぼけます。数値が2つあるのは左右と上下のぼかしで、鎖マークをクリックして縦横比の固定を外すと左右、上下で別々の度合いにぼかすことができます。

[マスクの境界のぼかし]の値を上げる

マスクのエッジがぼける

03 マスク範囲内を半透明にする

[マスクの不透明度]の値でマスク範囲内の不透明度を設定します。このプロパティにキーフレームを設定すればマスク形状に切り取られた素材が次第に浮かび上がってくる、という効果が作れます。

[マスクの不透明度]でマスク範囲内の不透明度を設定する

マスクの範囲が半透明になる

04 マスクのモードを設定する

マスクのプロパティの一番上にあるプルダウンメニューはマスクのモードを設定するものです。初期設定は[加算]でこれはマスクの範囲を表示する、というものです。複数のマスクを作成した場合、新しく作成した方のマスクのモードを[交差]にすると2つのマスクの重なった部分だけが表示され、[差]にすると交差した部分は表示されません。

メニューでマスクのモードを選ぶ

複数マスクの重なる部分の設定もできる(画像は[差]モードでの表示)

117

040 素材を立体に歪ませる

素材を立体的に変形させるためにはエフェクトを使用します。主だった立体変形エフェクトは[ディストーション]と[遠近]カテゴリに収録されています。ここでは変形が分かりやすく使用頻度も多い変形エフェクトを2種類紹介します。

▶▶方法1　[CC Cylinder]を適用する
▶▶方法2　[CC Sphere]を適用する

▶▶方法1　[CC Cylinder]を適用する

01 素材を配置する

タイムラインに素材を配置します。この素材をエフェクトで立体的に歪ませます。

この素材を立体的に歪ませる

02 [CC Cylinder]を適用する

エフェクトメニューかエフェクト&プリセットパネルの[遠近]から[CC Cylinder]を選んで適用します。エフェクトコントロールパネルに[CC Cylinder]のプロパティが表示されているので、[Rotation]で素材を回転させます。すると素材が円柱に変形していることが分かります。

[CC Cylinder]を適用して[Rotation]で素材を回転させる

素材が円柱になっていることが分かる

03 プロパティで質感を設定する

立体の場合、形状の陰影が重要になります。そこで、プロパティの[Light]と[Shading]で円柱の質感を設定します。

[Light]と[Shading]プロパティで質感を設定する

円柱に陰影がついて立体感が上がる

▶▶方法2 [CC Sphere]を適用する

01 [CC Sphere]を適用する

エフェクトメニューかエフェクト&プリセットパネルの[遠近]から[CC Sphere]を選んで適用します。[CC Sphere]は素材を球に変形するエフェクトです。ここではまず[CC Sphere]プロパティの[Radius]で球の直径を広げました。

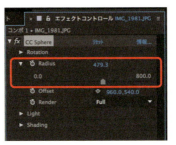

[CC Sphere]を適用して[Radius]で直径を拡大する

素材が球になっていることが分かる

02 プロパティで質感を設定する

[Light]と[Shading]プロパティで球にあたる光とその反射具合を設定します。

[Light]と[Shading]プロパティで質感を設定する

球に陰影がついてリアルな立体物になる

119

041 素材にエフェクトを加える

素材に効果を与えたい場合は、エフェクトを加えます。エフェクトは、適用するレイヤーをクリックして選択した状態にしてから、エフェクトメニューで選択します。エフェクトの数は非常に多いので、エフェクトメニューの中で種類別に分類されています。

▶▶方法1　エフェクトメニューから適用する
▶▶方法2　エフェクト&プリセットパネルから選ぶ
▶▶方法3　右クリック
　　　　　（Macはcontrolキー ＋ クリック）

▶▶方法1　エフェクトメニューから適用する

タイムラインで、素材をクリックして選択した状態にします。エフェクトメニューでカテゴリーを選び、適用するエフェクトを選択します。エフェクトが適用され、エフェクトコントロールパネルに表示されます。

素材を選択する

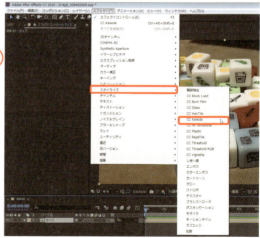
エフェクトメニューでエフェクトを選択

エフェクトが適用される

エフェクトコントロールパネル

▶▶方法2 エフェクト&プリセットパネルから選ぶ

ウィンドウメニューから[エフェクト&プリセット]を選択してパネルを表示します。カテゴリー別に分類されている文字の左側の三角形をクリックして、展開します。適用するエフェクトを選択して、タイムライン上の素材またはコンポジションパネルにドラッグします。

適用する素材を選択した状態で、エフェクトをダブルクリックしても適用できます。

ウィンドウメニューから[エフェクト&プリセット]を選択

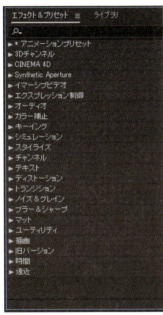

エフェクト&プリセットパネル

エフェクトをタイムラインにドラッグ

エフェクトをコンポジションパネルにドラッグ

▶▶方法3　右クリック（Macはcontrolキー＋クリック）

タイムラインで、素材を右クリック（Macはcontrolキー＋クリック）してメニューからエフェクトを選択します。

タイムラインで、直接素材を右クリック（Macはcontrolキー＋クリック）しても選択できる

042　素材に効果を加える

ぼかす

画面をぼかすには、ブラー系エフェクトを使用します。画面全体を均等にぼかす［ブラー（ガウス）］、角度を設定して風のようなイメージを加える［ブラー（方向）］、放射状のぼかしの［CC Radial Blur］を解説します。

- ▶▶方法1　［ブラー（ガウス）］で全体をぼかす
- ▶▶方法2　［ブラー（方向）］で一定の方向のみぼかす
- ▶▶方法3　［CC Radial Blur］で放射状にぼかす

▶▶方法1　［ブラー（ガウス）］で全体をぼかす

01　［ブラー（ガウス）］を適用する

画面全体を均等にぼかす［ブラー（ガウス）］を適用します。エフェクトメニュー、またはエフェクト＆プリセットパネルで［ブラー＆シャープ］の［ブラー（ガウス）］を選択します。エフェクトコントロールパネルが表示されます。

エフェクトメニューで［ブラー＆シャープ］の［ブラー（ガウス）］を選択

エフェクトコントロールパネル

123

02 ［ブラー（ガウス）］の設定

エフェクトコントロールパネルで設定をおこないます。［ブラー］の数値が大きいほど、ぼかしが増えます。［ブラーの方向］で水平方向、垂直方向のブラーを選択すると、縦横のブラーに設定することができます。［エッジピクセルを繰り返す］をオンにすると、レイヤーのエッジが黒や透明になってしまう現象を防ぎます。

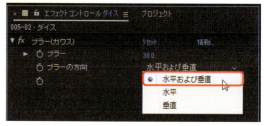

ブラーの方向

［ブラー（ガウス）］適用前

［ブラー（ガウス）］適用後

▶▶方法2 ［ブラー（方向）］で一定の方向のみぼかす

01 ［ブラー（方向）］を適用する

方向を指定してぼかす［ブラー（方向）］を適用します。エフェクトメニュー、またはエフェクト＆プリセットパネルで［ブラー＆シャープ］の［ブラー（方向）］を選択します。

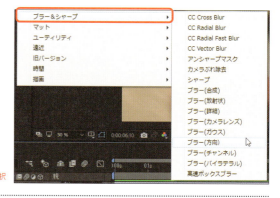

エフェクトメニューで［ブラー＆シャープ］の［ブラー（方向）］を選択

02 エフェクトの設定

エフェクトコントロールパネルで設定をおこないます。［方向］でブラーの角度を設定します。［ブラーの長さ］の数値を大きくすると、ぼかしの量が増えます。

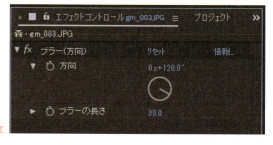

エフェクトコントロールパネルで設定

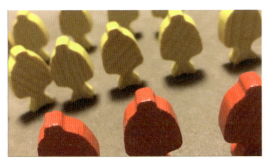

［ブラー（方向）］適用前　　　　　　　　　　　　　　　［ブラー（方向）］適用後

▶▶方法3　［CC Radial Blur］で放射状にぼかす

01　［CC Radial Blur］を適用する

画面を放射状にぼかす［CC Radial Blur］を適用します。エフェクトメニュー、またはエフェクト＆プリセットパネルで［ブラー＆シャープ］の［CC Radial Blur］を選択します。

エフェクトメニューで［ブラー＆シャープ］の［CC Radial Blur］を選択

02　エフェクトの設定

エフェクトコントロールパネルで設定をおこないます。［Type］でブラーの種類を選択します。［Straight Zoom］、［Fading Zoom］、［Centered Zoom］が放射状ブラー、［Rotate］、［Scratch］、［Rotate Fading］が回転ブラーです。［Amount］でぼかしの量、［Center］でブラーの中心点を設定します。

エフェクトコントロールパネルで設定

［Type］でブラーの種類を選択する

［CC Radial Blur］適用前

Straight Zoomの適用例

Scratchの適用例

043　素材に効果を加える

動いている部分だけぼかす

動いている部分だけをぼかして、動きのスピード感を加えることができます。ここでは、[CC Force Motion Blur]エフェクトを解説します。

▶▶方法1　[CC Force Motion Blur]を適用する

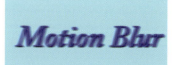

▶▶方法1　[CC Force Motion Blur]を適用する

01　[CC Force Motion Blur]を適用する

画像の中の動きに対応してブラーを加えるエフェクト[CC Force Motion Blur]を適用します。エフェクトメニュー、またはエフェクト&プリセットの[時間]から[CC Force Motion Blur]を選択します。

エフェクトメニューの[時間]から[CC Force Motion Blur]を選択

02　エフェクトの設定

エフェクトの設定をおこないます。[Motion Blur Sample]でブラーを作成するためのサンプルレベルを設定します。数値を大きくすると、ブラーがなめらかになります。[Shutter Angle]でカメラのシャッター角度を設定します。数値を大きくすると、ぼかしが長くなります。

エフェクトパネルの設定

Shutter Angle：50

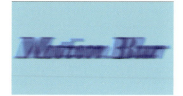

Shutter Angle：500

元画像

044 素材に効果を加える

バラバラにする

画面が割れるような効果のエフェクトを使って、レイヤーをバラバラにすることができます。厚みを付けてレンガやガラスが割れたようにシミュレートする[シャター]、画面を紙吹雪のようにバラバラにする[CC Pixel Polly]、画面を粉々にしてひねりを加える[CC Scatterize]などのエフェクトを使用します。

▶▶方法1　[シャター]でガラスが割れたようにする
▶▶方法2　[CC Pixel Polly]で紙吹雪のようにする
▶▶方法3　[CC Scatterize]でひねりを加える

▶▶方法1　[シャター]でガラスが割れたようにする

01 [シャター]を適用する

エフェクトメニューの[シミュレーション]から[シャター]を選択して適用します。

エフェクトメニューの[シミュレーション]から[シャター]を選択

02 エフェクトの設定

[表示]で画面の表示方法を選択します。[レンダリング]を選択すると、最終的な出力画面になります。[シェイプ]の[パターン]でレイヤーの割れる形を選択します。ここでは、ガラスを選択しています。押し出す深さやカメラ位置などで厚みや角度を調整します。

エフェクトパネルの設定

適用後

127

▶▶方法2　[CC Pixel Polly]で紙吹雪のようにする

01　[CC Pixel Polly]を適用する

エフェクトメニューの[シミュレーション]から[CC Pixel Polly]を選択して適用します。

エフェクトメニューの[シミュレーション]から[CC Pixel Polly]を選択

02　エフェクトの設定

[Grid Spacing]で破片の大きさを設定します。[Object]で破片の形状と表面の表現を選択します。例えば、[Polygon]では三角形の破片になり、表面は色のグラデーションのみが表示され、[Textured Square]では四角形の破片になり、表面は元画像が表示されます。[Start Time (sec)]で、画面が割れる時間を設定します。

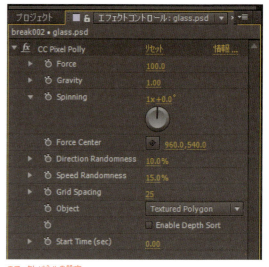

エフェクトパネルの設定

Object:Polygon , Grid Spacing:25

Object:Textured Polygon , Grid Spacing:100

▶▶方法3　[CC Scatterize]でひねりを加える

01　[CC Scatterize]を適用する

エフェクトメニューの[シミュレーション]から[ＣＣ Scatterize]を選択して適用します。

エフェクトメニューの[シミュレーション]から[CC Scatterize]を選択

02　エフェクトの設定

[Scatter]で粉々になる量を設定します。[Right Twist]、[Left Twist]で左右のひねりを設定します。

エフェクトパネルの設定

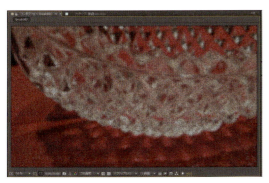

Scatter:5.0

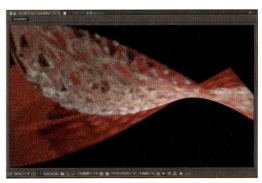

Right Twist:120°

045 素材に効果を加える

光らせる

画面の明るい部分をさらに明るくして、発光しているような効果を与えるには[グロー]エフェクトを適用します。照明やネオンの光をより拡散させることができます。

▶▶方法1　[グロー]を適用する

▶▶方法1　[グロー]を適用する

エフェクトメニューの[スタイライズ]から[グロー]を選択して適用します。グローの設定をおこないます。[グローしきい値]でグローの強さを設定します。数値が小さいほどグローが強くなります。[グロー半径]でグローの広さを設定します。数値が大きいほどグローが拡散します。[グロー強度]でグローの明るさを設定します。数値が大きいほどグローが明るくなります。

エフェクトメニューの[スタイライズ]から[グロー]を選択

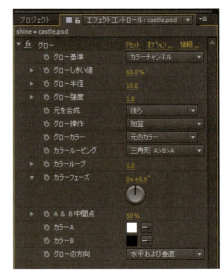

グローの設定

グロー適用前

グローしきい値:30.0%,グロー半径:70.0,グロー強度:1.0

グローしきい値:30.0%,グロー半径:10.0,グロー強度:2.0

046　素材に効果を加える

ガラスや水面に映りこませる

ガラスや水面に映り込む風景などを再現するエフェクトもあります。これらのエフェクトには、ガラスや水面自体の素材と、映り込み用の風景素材が必要です。ガラスは凹凸の高さや柔らかさ、水面は歪みの大きさなどを細かく設定することができます。

▶▶方法1　[CC Glass]でガラスの歪みを再現
▶▶方法2　[ディスプレイスメントマップ]で水面を再現

▶▶方法1　[CC Glass]でガラスの歪みを再現

01　[CC Glass]を適用する

はじめに、ガラスの凹凸として使用する画像[glass]をタイムラインに配置しておきます。さらに、映り込み用の画像「風景」を配置します。映り込み用の「風景」レイヤーの方にエフェクトメニューの[スタイライズ]から[CC Glass]を選択して適用します。

レイヤーを配置する

風景レイヤー

glassレイヤー

エフェクトメニューの[スタイライズ]から[CC Glass]を選択

02 エフェクトの設定

エフェクトの設定をおこないます。[Surface]の[Bump Map]で、ガラスの凹凸として使用する画像のレイヤーを選択します。[Softness]の数値でガラスの柔らかさを、[Height]でガラスの高さをそれぞれ設定します。ここでは、より自然に映り込みを見せるために、[風景]レイヤーの不透明度を60%に設定しています。

CC Glassの設定

[風景]レイヤーの不透明度を60%に設定

適用後

▶▶方法2 [ディスプレイスメントマップ]で水面を再現

01 [ディスプレイスメントマップ]を適用する

はじめに、水面の動画素材[水面]を用意しておきます。さらに、映り込ませる画像[木々]を[水面]レイヤーの上に配置します。
[木々]レイヤーにエフェクトメニューの[ディストーション]から[ディスプレイスメントマップ]を選択して適用します。

レイヤーを配置する

木々レイヤー

水面レイヤー

エフェクトメニューの[ディストーション]から[ディスプレイスメントマップ]を選択

02 エフェクトの設定

エフェクトの設定をおこないます。[マップレイヤー]で水面として使用する動画レイヤー[水面]を選択します。この[水面]レイヤーの形状に[木々]のレイヤーが変形します。[水平、垂直置き換えに使用]で変形の元となる色、または輝度、明度などを選択します。[最大水平、垂直置き換え]で歪みの大きさを設定します。

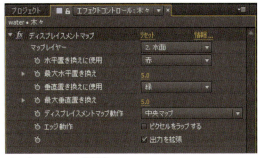

ディスプレイスメントマップの設定

ここでは、より映り込みを自然に見せるために、[木々]レイヤーの描画モードを[オーバーレイ]、不透明度を50%に設定しています。

[木々]レイヤーの描画モードを[オーバーレイ]、不透明度を50%に設定

適用後:水面の波の動きに合わせて木々レイヤーにゆがみが加えられている

133

047 素材に効果を加える

影を加える

レイヤーの輪郭に合わせた影を加えることができます。コンポジションサイズよりも小さいレイヤーや、テキストレイヤーに設定しましょう。[ドロップシャドウ]エフェクトは平行光で影を作成するのに対し、[放射状シャドウ]は光源を設定して影の位置や大きさを設定します。3Dレイヤーのシャドウについては、「038」を参照してください。

- ▶▶方法1　[ドロップシャドウ]で単純な影
- ▶▶方法2　[放射状シャドウ]で細かく設定

▶▶方法1　[ドロップシャドウ]で単純な影

01 [ドロップシャドウ]を適用する

コンポジションサイズよりも小さいレイヤーを用意します。ここでは、テキストレイヤーを使用します。エフェクトメニューから[遠近]の[ドロップシャドウ]を選択して適用します。

エフェクトメニューから[遠近]の[ドロップシャドウ]を選択

02 エフェクトの設定

エフェクトの設定をおこないます。[シャドウのカラー]で影の色、[不透明度]で影の濃さを設定します。[方向]、[距離]で影の向きとレイヤーと影の距離、[柔らかさ]で影のぼかしを設定します。

ドロップシャドウの設定

ドロップシャドウ適用後

▶▶方法2　[放射状シャドウ]で細かく設定

01　[放射状シャドウ]を適用する

テキストレイヤーなどにエフェクトメニューから[遠近]の[放射状シャドウ]を適用します。

エフェクトメニューから[遠近]の[放射状シャドウ]を選択

02　エフェクトの設定

エフェクトの設定をおこないます。[シャドウのカラー]で影の色、[不透明度]で影の濃さを設定します。[光源]でシャドウを落とすライトの位置、[投影距離]でライトとレイヤーの距離を設定します。

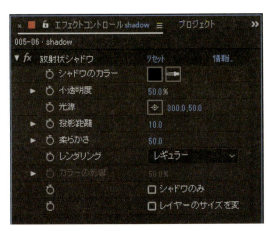

放射状シャドウの設定

放射状シャドウの適用後

048　素材に効果を加える

色を変える

画像の色を変えるエフェクトは、分類［カラー補正］に数多く用意されています。ここでは、色相、彩度、明度をそれぞれ簡単に調整できる［色相／彩度］エフェクトを解説します。［色相］を変えることで色味を変化させ、［彩度］を変えることで、色を濃くしたりグレースケールにしたりすることができます。［明度］では明るさを変化させます。［色相／彩度］の［色彩の統一］をオンにして、カラーフィルターをかけたような効果を加えることもできます。

▶▶方法1　［色相／彩度］を適用する

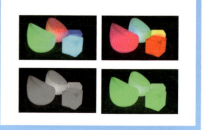

▶▶方法1　［色相／彩度］を適用する

01　［カラー補正］の［色相／彩度］を適用する

エフェクトメニューの［カラー補正］から［色相／彩度］を選択して適用します。

［色相／彩度］を選択

02　［マスターの色相］を変える

［チャンネル制御］のプリセットを［マスター］に設定します。［マスターの色相］を設定します。マスターの色相は色相環をドラッグして設定します。マスターの色相の数値を変化させると、元の色を違う色に当てはめて表示されます。

チャンネル制御のプリセットをマスターに設定

03 ［マスターの彩度］を変える

［マスターの彩度］を設定します。スライダーを左右にドラッグして、-100から100までの数値を設定します。彩度の数値が低いほど彩度が下がり、-100でグレースケールになります。

マスターの彩度を設定

マスターの彩度:-100

04 ［マスターの明度］を変える

［マスターの明度］を設定します。スライダーを左右にドラッグして、-100から100までの数値を設定します。明度を低くすると全体的に黒くなり、明度を高くすると全体的に白くなります。

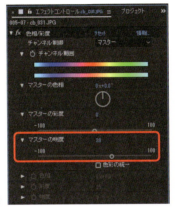

マスターの明度を設定

マスターの明度:30

05 ［色彩の統一］

［色彩の統一］をオンにすると、カラーフィルターをあてたように全体の色調が統一されます。マスターと同様に、色相、彩度、明度の設定をおこなうことができます。

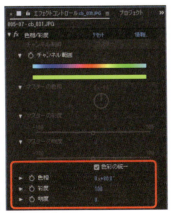

色彩の統一をオンにする

色彩の統一:(例)色相:-50°,彩度:65

049　素材に効果を加える

ノイズを加える

画像にノイズを加えるエフェクトもあります。画面がちらつくようなカラーノイズやグレースケールノイズを生成して自動的に動かすエフェクト［ノイズHLSオート］と、雲や霧のようなノイズをフラクタルで生成する［タービュレントノイズ］を解説します。

▶▶方法1　［ノイズHLSオート］を適用する
▶▶方法2　［タービュレントノイズ］を適用する

▶▶方法1　［ノイズHLSオート］を適用する

01　［ノイズHLSオート］を適用する

エフェクトメニューの［ノイズ&グレイン］から［ノイズHLSオート］を選択して適用します。

エフェクトメニューの［ノイズ&グレイン］から［ノイズHLSオート］を選択

02　エフェクトの設定

ノイズの設定をおこないます。［ノイズ］のプルダウンメニューでノイズの種類を選択します。［色相］［明度］［彩度］でノイズの色、明るさ、彩度をそれぞれ調整します。［粒のサイズ］でノイズの大きさを設定します（ノイズの種類を粒状に設定した場合のみ）。［ノイズアニメーションの速度］でノイズの動きを設定します。数値が大きいほど動きが速くなり、0に設定すると、ノイズは静止します。

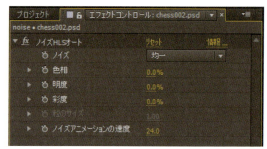

ノイズの設定

明度：65.0%、彩度：25.0%

▶▶方法2　[タービュレントノイズ]を適用する

01　[タービュレントノイズ]を適用する

エフェクトメニューの[ノイズ&グレイン]から[タービュレントノイズ]を選択して適用します。

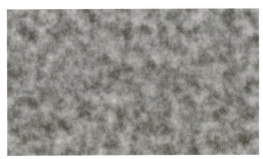

エフェクトメニューの[ノイズ&グレイン]から[タービュレントノイズ]を選択

02　エフェクトの設定

エフェクトの設定をおこないます。[フラクタルの種類]で形状を選択します。[ノイズの種類]で生成するノイズを選択します。[コントラスト]、[明るさ]でノイズ全体の強さと明るさを設定します。[展開]をキーフレーム設定すると、ノイズに動きを加えることができます。[描画モード]で元画像との合成方法を選択します。

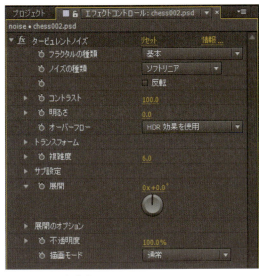

タービュレントノイズの設定

描画モード：なし

描画モード：スクリーン

描画モード：オーバーレイ

050 素材に効果を加える

雨や雪を加える

シミュレーションエフェクトの[CC Rainfall]と[CC Snowfall]は、まるで実写のような雨や雪を生成できます。実写動画やアニメーションのレイヤーに直接適用することも可能です。雨、雪の粒の大きさや、風の影響など細かい設定も可能です。このエフェクトは自動的に動きが加えられるので、キーフレームの設定は必要ありません。

- ▶▶方法1　[CC Rainfall]で雨を加える
- ▶▶方法2　[CC Snowfall]で雪を加える

▶▶方法1　[CC Rainfall]で雨を加える

01　[CC Rainfall]を適用する

エフェクトの[シミュレーション]から[CC Rainfall]を選択して適用します。

エフェクトメニュー[シミュレーション]から[CC Rainfall]を選択

02　エフェクトの設定

エフェクトの設定をおこないます。[Drops]で雨の量、[Size]で雨の大きさを設定します。[Opacity]は不透明度です。[Background Reflection]の[Influence %]は背景の屈折度を設定する項目で、数値が小さいほど雨が背景を反射して見えるようになります。

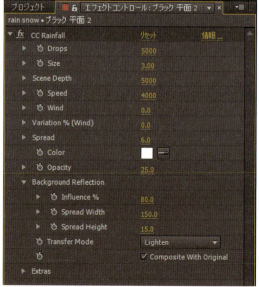

CC Rainfallの設定

実写との合成例(適用前)

実写との合成例(適用後)

▶▶方法2　[CC Snowfall]で雪を加える

01 [CC Snowfall]を適用する

エフェクトの[シミュレーション]から[CC Snowfall]を選択して適用します。

エフェクトメニュー[シミュレーション]から[CC Snowfall]を選択

02 エフェクトの設定

エフェクトの設定をおこないます。[Flakes]で雪の量、[Size]で雪の大きさを設定します。[Opacity]は不透明度です。[Background Reflection]の[Influence %]は背景の屈折度を設定する項目で、数値が小さいほど雪が背景を反射して見えるようになります。

CC Snowfallの設定

実写との合成例(適用前)

実写との合成例(適用後)

051 素材に効果を加える

エフェクトの効果をオン・オフする

適用しているエフェクトを一時的に非表示にすることができます。適用したエフェクトをいっぺんにオフにする方法と、任意のエフェクトを1つずつオフにする方法があります。

▶▶方法1　すべてのエフェクトを一度にオフにする
▶▶方法2　任意のエフェクトのみをオフにする

▶▶方法1　すべてのエフェクトを一度にオフにする

複数のエフェクトをすべてオフにします。タイムラインのスイッチ列にある[エフェクトスイッチ]をクリックして、非表示にします。

エフェクトスイッチをクリック

エフェクトが非表示になる

▶▶方法2 任意のエフェクトのみをオフにする

01 タイムラインの [エフェクトスイッチ] をオフにする

タイムラインの左側にある[エフェクトスイッチ]をクリックして非表示にします。エフェクトを選んで1つずつオフにすることができます。

タイムラインの左側にあるエフェクトスイッチをクリック

エフェクトが非表示になる

02 エフェクトコントロールパネルの [エフェクトスイッチ] をオフにする

エフェクトコントロールパネルの左側にある[エフェクトスイッチ]をクリックして非表示にすることもできます。1つずつオフにすることで、画面を確認しながら調整することができます。

エフェクトスイッチをクリック

エフェクトが非表示になる

052 素材に効果を加える
すべての素材に同じ効果を加える

複数のレイヤーに同じエフェクトを適用する場合、エフェクトをコピー&ペーストする方法と、すべてのレイヤーの上に配置した調整レイヤーにエフェクトを適用する方法があります。コピー&ペーストは、エフェクトに設定した数値も同時にコピーすることができます。

▶▶方法1 エフェクトをコピー&ペーストする
▶▶方法2 調整レイヤーにエフェクトを適用する

▶▶方法1 エフェクトをコピー&ペーストする

01 エフェクトをコピーする

タイムライン、またはエフェクトコントロールパネルでレイヤーのエフェクト名を選択して、編集メニューの[コピー]、またはキーボードのCtrl+Cキー(Macは⌘+C)をクリックします。

レイヤーのエフェクト名を選択

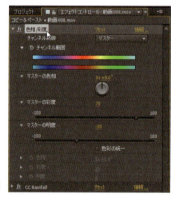

エフェクトコントロールパネルでも選択できる

編集メニューの[コピー]を選択

02 エフェクトをペーストする

エフェクトをペーストするレイヤーを選択し、編集メニューの[ペースト]、またはキーボードのCtrl+Vキー(Macは⌘+v)をクリックします。

エフェクトをペーストするレイヤーを選択

144

コピーしたエフェクトと同じ数値の設定でエフェクトがペーストされます。

編集メニューの[ペースト]を選択

エフェクトがペーストされる

▶▶方法2　調整レイヤーにエフェクトを適用する

01 調整レイヤーを作成する

レイヤーメニューの[新規]から[調整レイヤー]を選択して調整レイヤーを作成します。

レイヤーメニューの[新規]から[調整レイヤー]を選択

02 調整レイヤーを配置する

調整レイヤーに適用したエフェクトは、その下にあるレイヤーすべてに適用されます。エフェクトを適用するレイヤーの一番上に調整レイヤーを配置します。

エフェクトを適用するレイヤーの一番上に調整レイヤーを配置する

03 調整レイヤーにエフェクトを適用する

調整レイヤーにエフェクトを適用します。その下に配置されているレイヤーすべてにエフェクトの効果が反映されます。

調整レイヤーにエフェクトを適用する

調整レイヤーより下のレイヤーすべてにエフェクトが適用される

145

053 素材に動きを加える

倍速／スローにする

映像素材の再生速度を速くしたり遅くしたりする方法を説明します。変更方法は数値入力でおこないますが、時間の伸縮率を入力する方法と、再生時間を指定する方法の2種類があります。さらに再生速度を変化させる方法も簡単に紹介します。

▶▶方法1　素材自体の時間を伸縮させる
▶▶方法2　タイムリマップで再生速度を変化させる

▶▶方法1　素材自体の時間を伸縮させる

01　[時間伸縮]を選ぶ

速度を変える素材を選び、レイヤーメニューか素材の右クリックメニューから[時間]の[時間伸縮]を選びます。

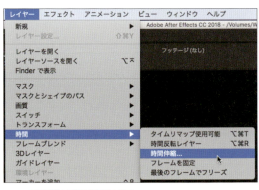

メニューの[時間]から[時間伸縮]を選ぶ

02　伸縮設定をおこなう

時間伸縮ダイアログボックスで伸縮設定をおこないます。伸縮の指定方法は2種類あります。まず[伸縮比率]は元の長さを[100%]として、倍速は[50%]、1/2スローは[200%]といった具合にパーセンテージで指定する方法。もう1つは[新規デュレーション]に時間伸縮後の長さを入力する方法です。指定が終わったら[OK]をクリックします。

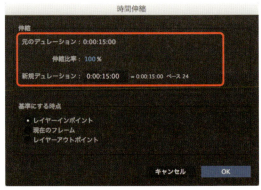

時間伸縮ダイアログボックスで伸縮設定をする

03 | 素材の時間が変化する

時間伸縮してタイムラインに配置した素材の長さが変化します。速度が速くなった場合は図のようにタイムラインの長さが短くなります。

元の時間の状態

時間縮小後の状態

▶▶方法2　タイムリマップで再生速度を変化させる

01 | [タイムリマップ使用可能]を選ぶ

[時間伸縮]は一定速度に変更する方法ですが、速度が次第に速くなる、といった変化も設定できます。まず速度を変化させる素材を選び、レイヤーメニューか素材の右クリックメニューから[時間]の[タイムリマップ使用可能]を選びます。

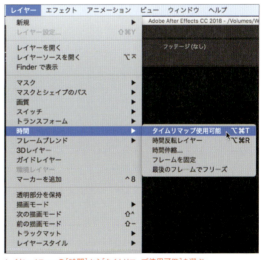

レイヤーメニューの[時間]から[タイムリマップ使用可能]を選ぶ

147

02 タイムラインをグラフエディターに切り替える

タイムラインに[タイムリマップ]プロパティが追加され自動的に開きます。あらかじめ最初と最後のフレームにキーフレームが設定されており、これが等速の状態です。[タイムリマップ]を選択してタイムラインの上にある[グラフエディター]ボタンをクリックして表示をグラフエディターに切り替えます。グラフは等速を示しています。

[グラフエディター]ボタンでタイムラインを切り替える

03 最初のキーフレームを[イージーイーズアウト]にする

速度が次第に早くなる設定をしてみましょう。最初のキーフレームを選択してグラフエディタ下にある[イージーイーズアウト]をクリックします。グラフが変化して次第に速度が上がっていくようになったことが分かります。このような方法で速度を変化させる設定がおこなえます。

キーフレームをイージーイーズアウトにして可変設定する

> **MEMO**
> **デュレーションを指定して速度を変える**
> 前述の[時間伸縮]と[タイムリマップ]では変更後のデュレーションを入力して速度を変更することができます。[時間伸縮]では[新規デュレーション]に変更後のデュレーションを入力し、[タイムリマップ]ではキーフレームをドラッグしてデュレーションを変更します。これらの変更に伴い再生速度が変わります。

054　素材に動きを加える

途中で一時停止／再生する

素材の再生をタイムラインでコントロールすることができます。タイムリマップという機能を使用するわけですが、このタイムリマップを使うとフレーム再生を自在にコントロールできるため実に多彩な効果が作成できます。ここではタイムリマップの概念を理解するために単純なフレームの一時停止と再生の方法を説明します。

▶▶方法1　タイムリマップにキーフレームを追加する

▶▶方法1　タイムリマップにキーフレームを追加する

01　[タイムリマップ使用可能]を選ぶ

素材を選び、レイヤーメニューか、素材の右クリックメニューから[時間]の[タイムリマップ使用可能]を選びます。

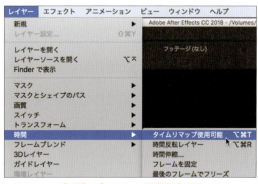

レイヤーメニューの[時間]から[タイムリマップ使用可能]を選ぶ

02　素材に[タイムリマップ]プロパティが追加される

タイムラインに[タイムリマップ]プロパティが追加され自動的に開きます。最初と最後のフレームを見ると、すでにキーフレームが設定されていることが分かります。これがフレームをコントロールするためのキーフレームです。

素材に[タイムリマップ]プロパティが追加される

03 一時停止するフレームにキーフレームを設定する

素材を一時停止させたいフレームに［現在の時間インジケーター］を移動し、［タイムリマップ］プロパティの一番左にあるキーフレームマークをクリックしてキーフレームを設定します。

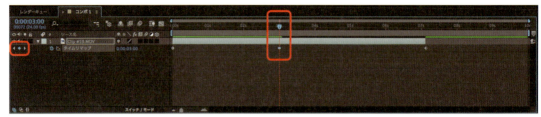

一時停止するフレームでキーフレームマークをクリックして［タイムリマップ］のキーフレームを設定する

04 再生の開始フレームにキーフレームを設定する

一時停止したフレームの次のフレームから再生を開始するので、いまキーフレームを設定した一時停止の次のフレームに［現在の時間インジケーター］を移動し、［タイムリマップ］プロパティの一番左にあるキーフレームマークをクリックして、ここにもキーフレームを設定します。一時停止後に再生されるのはこのフレームからです。

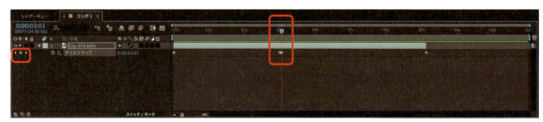

再生の開始フレームに［タイムリマップ］のキーフレームを設定する

05 一時停止後のキーフレームをドラッグする

一時停止後から再生される範囲を選択します。具体的には、先ほど設定した再生の開始キーフレームと最後のキーフレームを2つ選択します。その状態でどちらかのキーフレームをドラッグすると2つのキーフレームが移動するので、右にドラッグします。これは選択範囲が再生されるタイミングを後ろにずらす操作で、一時停止するキーフレームと再生の開始キーフレームの離れた距離が一時停止している時間になります。

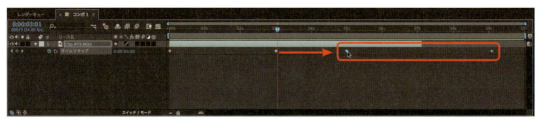

一時停止後から再生される範囲をドラッグする

06 素材のタイムラインを伸ばす

ただしこのままでは操作は不十分です。まず、右にずらした分素材の表示範囲も伸ばす必要があります。[タイムリマップ]を設定すると素材のタイムラインが元の長さ以上に伸びるので、キーフレームを右に移動した分タイムラインを伸ばします。

キーフレームを右にずらした分タイムラインを伸ばす

07 一時停止のキーフレームをもう一箇所設定する

次に、中間の2つのキーフレーム間で再生が完全に停止する設定をおこないます。方法は2つあります。1つめは、停止するフレームのキーフレームをコピーして再生を開始するフレームの1フレーム前にペーストする方法です。これで2つのキーフレームの間は同じフレーム状態となり、再生は完全に停止します。

再生開始の1フレーム前に一時停止と同じキーフレームを設定する

08 キーフレーム補間法で停止させる

もう1つの方法は、停止させるキーフレームを右クリックしてメニューの[キーフレーム補間法]を選び、キーフレーム補間法ダイアログボックスで[時間補間法]を[停止]にします。これで次のキーフレームまでは再生が停止します。

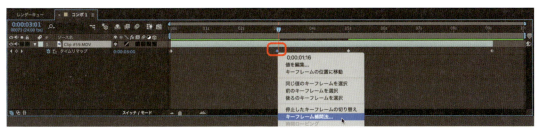

キーフレームを右クリックして[キーフレーム補間法]を選ぶ

[時間補間法]を[停止]にする

151

055 フェードイン／アウトする

素材に動きを加える

素材が次第に浮かび上がってくるフェードインと次第に消えていくフェードアウトの効果は、素材の[不透明度]プロパティでおこないます。コンポジションの背景色を黒にして素材単体の不透明度を変化させれば映像作品冒頭の黒からのフェードインになります。

▶▶方法1　[不透明度]プロパティに
　　　　　キーフレームを追加する

▶▶方法1　[不透明度]プロパティにキーフレームを追加する

01　[不透明度]プロパティを表示する

素材をタイムラインに配置し、選択した状態で[T]キーを押すと[不透明度]のプロパティだけが表示されます。

[不透明度]のプロパティを表示する

02　フェード開始点に[不透明度]のキーフレームを設定する

[現在の時間インジケーター]をフェード開始のフレームに移動して[不透明度]プロパティのストップウォッチマークをクリックします。これでこのフレームにキーフレームが設定されました。このフレームから素材が次第に浮かび上がってくるので[不透明度]の値を0にします。

フェード開始点の[不透明度]のキーフレームで値を0にする

03 フェード終了点に[不透明度]のキーフレームを設定する

[現在の時間インジケーター]をフェード終了のフレームに移動し、ここにもキーフレームを設定します。このフレームで素材が完全に浮かび上がるので[不透明度]の値を100にします。そうすると自動的にキーフレームが設定されます。

フェード終了点の[不透明度]のキーフレームで値を100にする

04 プレビューする

プレビューすると素材が浮かび上がってきます。最初の黒い画面は素材が何もない状態のコンポジションの背景色です。2つの[不透明度]キーフレームの値を逆にすれば次第に消えていくフェードアウトになります。

[不透明度]キーフレームで素材がフェードインする

05 背景色の変更

背景色は[コンポジション設定]ダイアログボックスの[背景色]で変更できます。ダイアログボックスはコンポジションメニューかコンポジションパネルやタイムラインの右クリックメニューから[コンポジション設定]を選んで表示します。

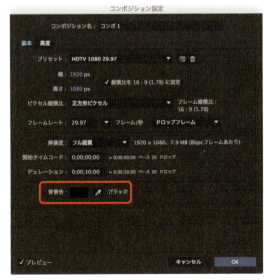

[コンポジション設定]ダイアログボックスで背景色が変更できる

056 素材に動きを加える

直線移動させる

素材の[位置]プロパティにキーフレームを設定することで素材を直線移動させることができます。ここでは単純な移動方法と、ゆっくりスタートする、あるいはゆっくり止まる、といった移動速度を変化させる方法も説明します。移動場所の設定は同じですが、キーフレームの設定を変えることで速度が調整できます。

▶▶方法1　[位置]プロパティにキーフレームを追加する
▶▶方法2　[イージーイーズ]で移動速度を変化させる

▶▶方法1　[位置]プロパティにキーフレームを追加する

01　[位置]プロパティを表示する

素材をタイムラインに配置し、選択した状態で[P]キーを押すと[位置]のプロパティだけが表示されます。

[位置]のプロパティを表示する

02　移動開始点に[位置]のキーフレームを設定する

[現在の時間インジケーター]を直線移動を開始するフレームに移動します。コンポジションパネルで素材をドラッグして移動開始地点まで移動した後、[位置]プロパティのストップウォッチマークをクリックします。これで移動開始のキーフレームが設定されました。

素材をドラッグして移動の開始地点を決める

移動開始点に[位置]キーフレームを設定する

03 移動終了点に[位置]のキーフレームを設定する

[現在の時間インジケーター]を移動終了のフレームに移動します。コンポジションパネルで素材をドラッグして移動終了地点まで移動すると移動の軌跡が表示され、自動的に[位置]のキーフレームが設定されます。素材の移動では、shiftキーを押しながらドラッグすると素材が水平、垂直方向に移動します。

移動終了のフレームで素材をドラッグして移動の終了地点を決める

移動終了点に自動的に[位置]キーフレームが設定される

04 プレビューする

プレビューすると素材が2つの[位置]キーフレームで設定した位置の間を直線移動します。開始や終了の位置を変更したい場合はそれぞれのフレームで素材をドラッグして位置を変更します。

[位置]キーフレームの位置の間を素材が直線移動する

05 移動速度を変更する

移動する速度を変更する場合は、タイムラインで[位置]のキーフレームをドラッグして移動時間を変えます。

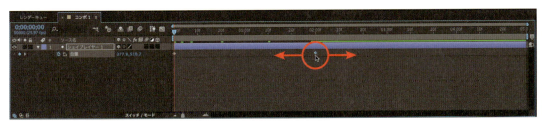

[位置]キーフレームをドラッグ移動して移動時間を変える

▶▶方法2　［イージーイーズ］で移動速度を変化させる

01　開始キーフレームを［イージーイーズアウト］にする

2点のキーフレームを設定しただけでは移動は等速ですが、これをゆっくりスタートしたりゆっくり止まるようにできます。まずはゆっくりスタートする設定をしてみましょう。移動開始点の［位置］キーフレームを右クリックして［キーフレーム補助］の［イージーイーズアウト］を選びます。キーフレームのマークが変化し、ゆっくりスタートする設定になります。

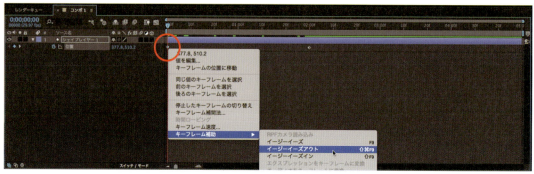

移動開始の［位置］キーフレームを［イージーイーズアウト］にする

02　グラフエディタで確認する

［位置］プロパティを選択した状態で、タイムラインの上にある［グラフエディタ］ボタンをクリックして表示をグラフエディタに切り替えます。位置の時間的変化を示すグラフが表示され、素材が移動している水平方向の赤い線のグラフがなだらかなカーブで始まっているのが分かります。これは素材の移動がゆっくりスタートすることを表しています。

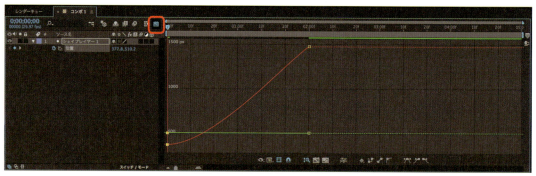

グラフエディタに切り替えて位置の時間的変化グラフを確認する

03 イージーイーズを等速に戻す

移動速度を再び等速に戻す場合はキーフレームを右クリックして[キーフレーム補間法]を選びます。[キーフレーム補間法]ダイアログボックスが現れるので、[時間補間法]を[リニア]にします。イージーイーズで位置の時間的変化グラフが曲線になっているのをリニア（直線）に戻すわけです。[リニア]にしたら[OK]をクリックします。

キーフレームを右クリックして[キーフレーム補間法]を選ぶ

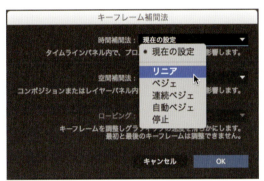

[時間補間法]を[リニア]にする

04 終了キーフレームを[イージーイーズイン]にする

今度はゆっくり止まるようにしてみましょう。移動終了点の[位置]キーフレームを右クリックして[キーフレーム補助]の[イージーイーズイン]を選びます。キーフレームのマークが変化し、ゆっくり停止する設定になります。

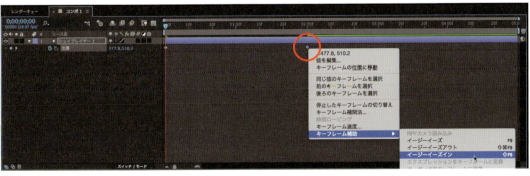

移動終了の[位置]キーフレームを[イージーイーズイン]にする

05 グラフエディタで確認する

グラフエディタに切り替えると、位置の時間的変化グラフがなだらかなカーブで終わっているのが分かります。これは素材の移動がゆっくり止まることを表しています。

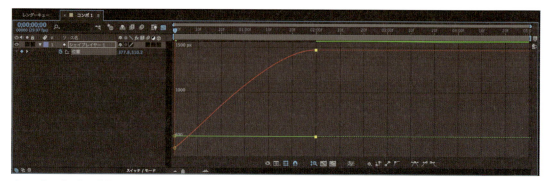

グラフエディタに切り替えて位置の時間的変化グラフを確認する

06 イージーイーズとは

ここまでの操作でお分かりのとおり、[イージーイーズ]は「ゆっくり動く」という意味合いの設定です。[イージーイーズアウト]は「ゆっくり出て行く」。[イージーイーズイン]は「ゆっくり入ってくる」。そして[イージーイーズ]は「ゆっくり入って、ゆっくり出ていく」という設定になります。

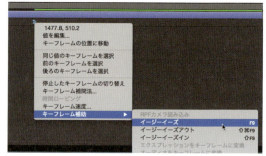

速度変化の設定をおこなう[イージーイーズ]設定

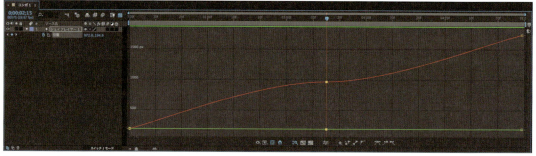

3つのキーフレームの中間キーフレームを[イージーイーズ]にすると中間部分がなだらかな曲線になる

057 素材に動きを加える

曲線で移動させる

直線移動の設定後に素材を選択してコンポジションパネルを見ると移動開始と終了の2点の[位置]キーフレーム間に直線が表示されています。これは[モーションパス]と呼ばれ、素材はこのパス上を移動します。モーションパスを曲線にすると、その曲線上を素材が移動します。

▶▶方法1　モーションパスを曲線にする

▶▶方法1　モーションパスを曲線にする

01 直線移動の設定をする

「056:直線移動させる」の操作で素材を直線移動させます。素材を選択するとコンポジションパネルには軌跡を表す直線が表示されます。これが[位置]キーフレームのパスで、[モーションパス]と呼ばれます。

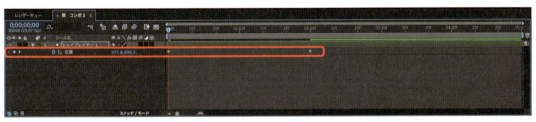

[位置]のキーフレームで直線移動の設定をする

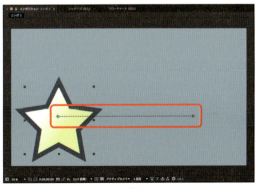

コンポジションパネルにモーションパスが表示される

02 [頂点を切り替えツール]で キーフレームにハンドルを追加する

[頂点を切り替えツール]を選んでコンポジションパネルの移動開始のキーフレームをドラッグします。そうするとキーフレームにハンドルが追加され、ドラッグした分だけ長く伸びます。このハンドルは曲線を形成するためのもので、ドラッグに応じてモーションパスが曲線に変化します。

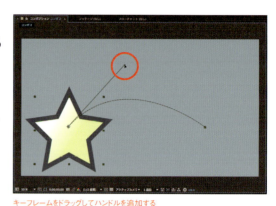
キーフレームをドラッグしてハンドルを追加する

[頂点を切り替えツール]を選ぶ

03 プレビューする

プレビューすると素材が曲線のモーションパスに沿って移動するのが分かります。

モーションパスに沿って素材が曲線移動する

04 曲線のカーブを変更する

タイムラインで[位置]のプロパティを選択すると、コンポジションパネルのキーフレームにハンドルが表示されます。このハンドルをドラッグするとモーションパスのカーブが変わります。

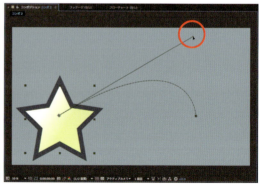
ハンドルをドラッグして曲線のカーブを変更する

05 直線に戻す

[位置]モーションパスを直線に戻す場合は、[頂点を切り替えツール]で最初のキーフレームをクリックします。そうするとハンドルが削除され、モーションパスが直線に戻ります。

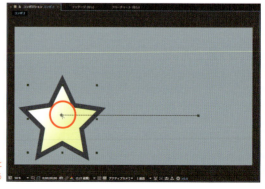
[頂点を切り替えツール]でキーフレームをクリックすると ハンドルが削除されて直線に戻る

058 素材に動きを加える

ラインに合わせた向きで移動させる

モーションパス上を素材が移動するわけですが、その時の素材の向きを設定することができます。ここではラインの進行方向に合わせて素材が向きを変える設定方法を解説します。

▶▶方法1　[自動方向]でモーションパスに合わせる

▶▶方法1　[自動方向]でモーションパスに合わせる

01 複雑なモーションパスを作成する

「057：曲線で移動させる」の操作で曲線のモーションパスを作成しましたが、今回はキーフレームを増やして同じ操作を繰り返し、より複雑なモーションパスを作成しました。

複数の[位置]キーフレームを作成して複雑なモーションパスを作成する

このモーションパス上を素材が移動する

02 プレビューする

プレビューすると素材がモーションパスに沿って移動しますが、その時の素材の向きは常に一定です。これを、モーションパスに沿って自動的に向きを変えるように設定します。

複雑なモーションパスに沿って素材が移動する

03 [トランスフォーム]の [自動方向]を選ぶ

素材を選択した状態で、レイヤーメニューか、コンポジションパネルもしくはタイムラインでの素材の右クリックメニューで[トランスフォーム]の[自動方向]を選びます。

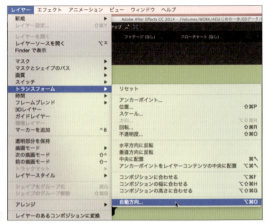

メニューから[トランスフォーム]の[自動方向]を選ぶ

04 [パスに沿って方向を設定]を選ぶ

[自動方向]ダイアログボックスで[パスに沿って方向を設定]を選んで[OK]をクリックします。これで素材がモーションパスの向きに沿って自動的に向きを変えるようになりました。

[パスに沿って方向を設定]を選ぶ

05 モーションパスに対する 素材の向きを決める

モーションパスに沿った向きの初期設定をする必要があります。そこで最初のキーフレームに[現在の時間インジケーター]を移動し、[回転ツール]を選んで素材をモーションパスに沿った向きに回転させます。

[回転ツール]を選ぶ

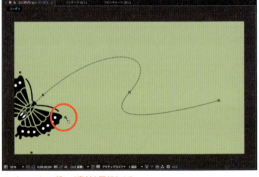

モーションパスに沿って素材を回転させる

06 プレビューする

プレビューすると素材がモーションパスに沿って向きを変えているのが分かります。

   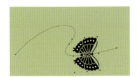

モーションパスに沿って素材が向きを変える

059 素材に動きを加える

動きのブレを自動でつける

素早い動きのアニメーションにブレをつけるとなめらかな動きに見えます。モーションブラーと呼ばれる機能は1フレームでの移動距離に応じた量のぼけを自動的につけるので、早い動きほど大きくぼけて静止するとぼけが無くなります。ここではAfter Effcetsのレンダリング機能とエフェクトの2種類によるモーションブラーの設定方法を説明します。

▶▶方法1　［モーションブラー］を適用する
▶▶方法2　［ピクセルモーションブラー］を適用する

▶▶方法1　［モーションブラー］を適用する

01 素早い動きのモーションをつくる

素材の［位置］プロパティで短いフレーム間にキーフレームを設定して大きく移動し、素早い動きのモーションを作成します。モーションの作成方法は「056:直線移動させる」を参照してください。

［位置］プロパティのキーフレームでモーションをつくる

短い時間に大きく移動するモーション

02 動きをプレビューする

素早い動きをプレビューすると映像がチラつきます。これはピントが合った状態のまま多くの距離を移動しているからです。そこでこの素材にブレを加えてなめらかな動きに見えるようにします。

素早い動きはそのままではチラつく

163

03 モーションブラーを設定する

タイムラインで素材の[モーションブラー]をチェックしてモーションブラーをONにします。次にタイムライン上部にある[モーションブラー]をクリックしてタイムラインでモーションブラーを設定したすべての素材にモーションブラーを適用します。

タイムラインでモーションブラーをONにする

04 モーションブラーのついた動きをプレビューする

プレビューすると、素材がブレてなめらかな動きになっています。素材が止まるとブレもなくなります。

モーションブラーのついたなめらかな動きになる

05 モーションブラーの度合いを設定する

コンポジションメニューから[コンポジション設定]を選んで[コンポジション設定]ダイアログボックスを表示し、[高度]タブを開くと[モーションブラー]の項目があります。ここでモーションブラーの度合いが設定できます。詳しい説明は省きますが、ブレの大きさに関係するのは[シャッター角度]で、角度を大きくするほどブレが大きくなります。

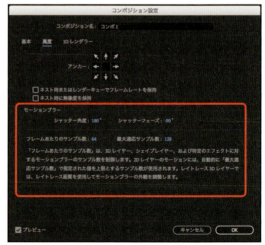

[コンポジション設定]ダイアログボックスの[モーションブラー]でブレの度合いを設定する

▶▶方法2　［ピクセルモーションブラー］を適用する

01　［ピクセルモーションブラー］を適用する

今度はエフェクトによるモーションブラーを設定してみましょう。まず初めにタイムライン上部の［モーションブラー］を再度クリックして適用を外します。続いて、素材を選択した状態でエフェクトメニューもしくはエフェクト&プリセットパネルの［時間］から［ピクセルモーションブラー］を選んで適用します。

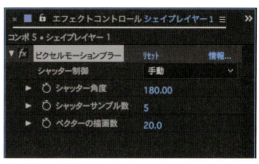

ピクセルモーションブラー

02　ピクセルモーションブラーのついた動きをプレビューする

プレビューすると、［モーションブラー］を適用した時と同様に、素材がブレてなめらかな動きになっています。素材が止まるとブレもなくなります。このモーションでは同じ効果のように見えますが、［モーションブラー］が素材のアニメーションに対してのみ効果があるのに対し、［ピクセルモーションブラー］は映像の中の素早い動きの箇所を自動検知してブレをつけます。

エフェクトによるモーションブラーのついた動きをプレビューする

03　モーションブラーの度合いを設定する

エフェクトコントロールパネルの［ピクセルモーションブラー］プロパティでモーションブラーの度合いを設定します。［シャッター角度］の値を大きくするとブレが大きくなり、［シャッターサンプル数］の値を大きくするとブレがなめらかになります。

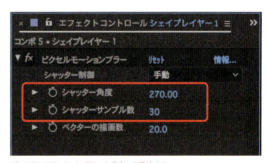

プロパティでモーションブラーの度合いを設定する

プロパティの値を大きくして大きなブレにすることができる

165

060　素材に動きを加える

回転運動をさせる

素材が回転するアニメーションの作成方法を解説します。[回転]プロパティにキーフレームを設定してアニメートするわけですが、[回転]プロパティには角度だけでなく回転数も設定できるので簡単に回転アニメーションの設定ができます。

▶▶方法1　[回転]プロパティにキーフレームを追加する

▶▶方法1　[回転]プロパティにキーフレームを追加する

01　回転の開始フレームに[回転]のキーフレームを設定する

素材を選択し、[R]キーを押して[回転]プロパティだけを表示します。次に回転開始フレームにキーフレームを設定します。ここでは最初のフレームにキーフレームを設定しました。まず[現在の時間インジケーター]を最初のフレームに移動し、[回転]プロパティのストップウォッチマークをクリックしてキーフレームを設定します。続いて回転角度を指定するわけですが、ここでは初期値の[0°]のままにしました。

回転の開始フレームに[回転]のキーフレームを設定する

02　回転の終了フレームに[回転]のキーフレームを設定する

最後のフレームを回転終了フレームに設定しましょう。[現在の時間インジケーター]を最後のフレームに移動して[回転]プロパティの値を変えると自動的にキーフレームが設定されます。ここでは2回転させることにし、[回転]の値に「2×+0.0°」と入力しました。左の「2×」が2回転、という意味です。回転の数値が正の場合は右回転し、負の場合は左回転します。したがって左回転で2回転させたい場合は「-2×」と入力します。

回転の終了フレームに[回転]のキーフレームを設定する

061 素材に動きを加える

次第にピントを合わせる

素材にピントが合っていく様子をエフェクトでシミュレートします。元々ピントの合った素材にぼかしエフェクトを適用して、その強さを弱めていくとピントが合ってくるように見えます。After Effectsには、ぼかしエフェクトが多種ありますが、いずれのエフェクトでも基本的にはここで説明する方法をおこないます。

▶▶方法1　ブラー系エフェクトにキーフレームを追加する

▶▶方法1　ブラー系エフェクトにキーフレームを追加する

01　素材にブラーエフェクトを適用する

素材を選択し、エフェクトメニューもしくはエフェクト&プリセットパネルの[ブラー&シャープ]からぼかしエフェクトを選んで適用します。ここでは[ブラー(ガウス)]を選びました。適用しただけではエフェクト効果は現れず、素材は元のピントが合ったままです。この素材をこれからエフェクトでぼかしてピントが外れた状態をシミュレートします。

素材に[ブラー(ガウス)]エフェクトを適用する

この素材をエフェクトでぼかしてピントが外れた状態にする

02　[ブラー(ガウス)]のプロパティを表示する

素材を選択した状態で[E]キーを押すと適用したエフェクトのプロパティだけが表示されます。次に[ブラー(ガウス)]の名称の左にある三角マークをクリックしてエフェクトのプロパティを開きます。

[ブラー(ガウス)]のプロパティを表示する

167

03 開始フレームに [ブラー] キーフレームを設定する

最初のフレームに [現在の時間インジケーター] を移動し、[ブラー] プロパティのストップウォッチをクリックしてキーフレームを設定します。このフレームでは一番ピントの外れた状態にします。ここでは値を100にして大きくぼかしました。

[ブラー] のキーフレームを設定して大きくぼかす

エフェクトが強くかかり、素材が大きくぼける

04 終了フレームに [ブラー] キーフレームを設定する

ピントを合わせるフレームに [現在の時間インジケーター] を移動して [ブラー] の値を0にします。これでぼかしエフェクトの効果はなくなりピントが合った状態になります。

ピントの合うフレームに [ブラー] のキーフレームを設定して値を [0] にする

エフェクト効果がなくなり元のピントの合った状態になる

05 プレビューする

2つの [ブラー] キーフレームの間でぼかしの度合いが変化し、ピントが合っていくように見えます。

ぼかしエフェクトの効果が弱くなっていき、ピントが合ってくるように見える

062 素材に動きを加える

ランダムに震えさせる

位置や不透明度などのプロパティのランダム値を生成する機能が[ウィグラー]です。ウィグラーでのランダム値はキーフレームとして生成され、事前に細かさや強さなどが設定できます。ここではウィグラーで[位置]の値をランダムにして素材を震えさせます。

▶▶方法1　[ウィグラー]でプロパティ値をランダム化

▶▶方法1　[ウィグラー]でプロパティ値をランダム化

01　[位置]のキーフレームを設定する

ウィグラーで素材をランダムに震えさせます。細かい動きになるので結果が分かりやすいように背景を配置しました。設定はまず[位置]プロパティに2箇所のキーフレームを設定します。キーフレームでの素材の位置はどこでも構いませんが、ここでは画面中央の位置で2点のキーフレームを設定しました。この2点のキーフレーム間にランダム値が生成されます。ウィグラーを適用させるために作成した2つのキーフレームを選択しておきます。

ランダムな震えが分かりやすいように背景の上に素材を配置した

素材の[位置]プロパティに2つキーフレームを設定して選択する

169

02 ランダム値の細かさと幅を設定する

ウィンドウメニューの[ウィグラー]を選んでウィグラーパネルを開き、[適用先]で[空間パス]か[時間グラフ]を選択します。これは、ウィグラーにより空間で震えさせるか時間で震えさせるかという違いで、プロパティの種類によって自動的に初期選択されます。具体的に言うと[位置]は[空間パス]、[不透明度]は[時間グラフ]になります。[ノイズの種類]でランダムでの震えをスムーズにするかギザギザにするかを選択し、[次元]で震えの方向を設定します。重要なのはその下にある[周波数]と[強さ]で、30フレーム／秒のビデオの場合[周波数]を30に設定すると毎フレームにランダム値が生成されます。[強さ]はプロパティ値のランダムでの振れ幅です。設定が終わったら[適用]をクリックします。

ウィグラーパネルでランダム値の細かさと幅を設定する

03 ランダム値が生成される

[位置]の2つのキーフレームの間にランダム値によるキーフレームが生成されます。素材を選択した状態でコンポジションパネルを見ると[位置]のキーフレームによる揺れの軌跡が表示されます。これにより素材がランダムに揺れることが分かります。

2つのキーフレームの間にランダム値が生成される

素材がランダムに震えるキーフレームが設定されている

04 モーションブラーを適用する

「059:動きのブレを自動でつける」で説明したモーションブラーを素材に適用します。そうするとランダムな揺れがリアルになります。

素材にモーションブラーを適用する

素材がリアルにランダムで揺れる

063 素材に動きを加える

他の素材も同じ変化をさせる

1つの素材に設定したモーションや不透明度の変化などを他の素材にも適用します。プロパティのキーフレーム設定をコピー&ペーストするだけなので方法を覚えれば簡単にいくつもの素材に適用することができます。ここでは同じ動きを複数の素材に適用する、という基本的な方法を説明します。

▶▶方法1　キーフレームをコピー&ペーストする

▶▶方法1　キーフレームをコピー&ペーストする

01 素材のモーションを作成する

「056:直線移動させる」で説明した方法で素材にモーションを作成します。ここではフィルムの背景の上を画像素材が画面下から現れて上に消えていく縦移動のモーションを作成しました。

[位置]のキーフレームで直線移動のモーションを作成する

モーションの設定により素材が縦に移動する

02 すべてのキーフレームをコピーする

素材の[位置]プロパティをクリックするとすべてのキーフレームが選択されます。この状態でコピーを実行します。これで縦移動する[位置]のキーフレーム情報がコピーされました。

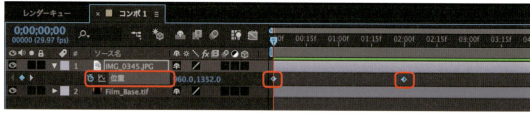

すべてのキーフレームを選択してコピーする

03 新しい素材を配置する

新しい素材を配置します。位置はどこでもかまいません。

新しい素材を適当な場所に配置する

04 キーフレーム情報をペーストする

新しい素材が移動を開始させたいフレームに[現在の時間インジケーター]を移動します。ここでは最初の素材と同じく先頭フレームで移動を開始することにしました。素材を選択した状態でペーストを実行すると、[位置]のキーフレーム情報がペーストされます。

移動を開始するフレームに[現在の時間インジケーター]を移動してペーストを実行する

05 ペーストされた[位置]キーフレームを確認する

新しい素材を選択した状態で[P]キーを押して[位置]プロパティだけを表示すると、[位置]のキーフレームがペーストされていることが分かります。プレビューすると最初の素材とまったく同じ動きをします。移動開始のタイミングを同じにしてあるので最初の素材の上を新しい素材が移動しています。

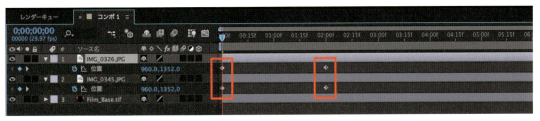

[位置]プロパティを表示するとキーフレームがペーストされているのが分かる

最初の素材とまったく同じ動きをする

06 移動のタイミングをずらす

タイムラインで新しい素材を右にドラッグして表示タイミングを後ろにずらします。そうすると、最初の素材を追うように新しい素材が移動します。

新しい素材を右にドラッグしてタイミングを後ろにずらす

最初の素材を追うように新しい素材が移動する

173

064 複数の素材を同時に変化させる

素材に親子関係を持たせることができます。子となる素材は親に指定した素材の位置や大きさ、角度の変化を共有して同時に変化します。ここでは親となる素材の位置情報を複数の子が共有して一緒に移動する設定をおこないます。最初の位置関係さえ設定すれば、後は親を動かすだけで子が連動します。

▶▶方法1　親子関係を設定する

▶▶方法1　親子関係を設定する

01　複数の素材を配置する

複数の素材を画面上に配置します。この中の1つが他の素材に対する「親」となります。

タイムラインに複数の素材が配置される

複数の素材を画面に配置する

02　タイムラインの[親]を表示する

タイムラインの列にある[親]を表示します。表示されていない場合はタイムラインの列を右クリックして[列を表示]から[親]を選びます。

タイムラインの列に[親]を表示する

03 子になる素材を親素材と関係づける

子になる素材を選択して[親]列にある渦巻きマークを親の素材までドラッグします。この渦巻きは[ピックウィップ]と呼ばれます。親の素材が選択された状態になったらドロップします。

[子]の素材のピックウィップを[親]の素材へドラッグする

04 親子関係が設定される

子になる素材の[親]列に親に設定した素材の名称が表示されます。これで親子関係が設定されました。他の子の素材も同様の操作で親子関係を設定していきます。子の素材が多い場合は複数選択していずれかの素材のピックウィップをドラッグすると選択した素材の親子関係が一度に設定されます。

[親]列に親に設定した素材の名称が表示される

05 親をドラッグする

親の素材をドラッグして位置を変えると子の素材が連動します。親の素材をアニメートすると子の素材も同じ動きをします。

親の素材をアニメートすると子の素材が連動する

065　素材に動きを加える

自動で変化させる

［エクスプレッション］機能を使うとキーフレームを使わずに素材を回転させたりランダムに揺らすことができます。スクリプトの記述で変化させるので変化度合いの変更が容易なことが大きな利点で、スクリプトにより複雑な動きや命令をつけることも可能です。また、他のプロパティ値の変化の度合いと連携させることも可能です。ここではスクリプトの記述と他のプロパティとの連携の簡単な操作を説明します。

▶▶方法1　［エクスプレッション］にスクリプトを記述する
▶▶方法2　［エクスプレッション］で他のプロパティと連携

▶▶方法1　［エクスプレッション］にスクリプトを記述する

01　素材を配置する

素材を画面上に配置します。［エクスプレッション］でこの素材の不透明度をランダムに変化させるスクリプトを記述してみましょう。

素材を画面に配置する

02　［不透明度］プロパティを表示して選択する

素材を選択した状態で［T］キーを押して［不透明度］プロパティだけを表示します。この［不透明度］プロパティにエクスプレッションを追加するので、［不透明度］プロパティを選択しておきます。

［不透明度］プロパティを選択する

03 [エクスプレッションを追加]を選ぶ

アニメーションメニューから[エクスプレッションを追加]を選びます。そうすると[不透明度]プロパティにエクスプレッションが追加され、スクリプトの記述待機状態になります。Altキー（Macではoptionキー）を押しながらストップウォッチマークをクリックしても同じ状態になります。

[不透明度]プロパティにエクスプレッションが追加されてスクリプトの記述待機状態になる

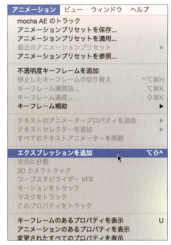
アニメーションメニューから[エクスプレッション を追加]を選ぶ

04 スクリプトを記述する

スクリプトを記述する欄に[不透明度]の値をランダムに変化させるスクリプトを記述します。ここでは「random(20,100)」と記述しました。これは「20から100の間でランダムな値を生成する」という命令です。スクリプトを記入してタイムラインの空白部分をクリックすると記述が完了します。[不透明度]の値が赤くなっているのがエクスプレッションが適応されている目印です。この値がフレーム毎に20から100の間でランダムに変化します。

[不透明度]に追加エクスプレッションにスクリプトを記述する

05 プレビューする

プレビューすると素材の不透明度がランダムに変化します。全灯状態が少しチラチラするだけに変えるならスクリプトの値を(90,100)といった具合に変更するだけです。

エクスプレッションにより素材の不透明度がランダムに変化する

06 エクスプレッションを削除する

［不透明度］プロパティに追加したエクスプレッションを削除する場合は、［不透明度］プロパティを選択してアニメーションメニューの［エクスプレッションを削除］を選ぶか、Altキー（Macではoptionキー）を押しながらストップウォッチマークをクリックします。

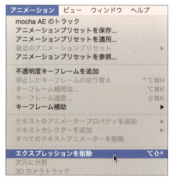

アニメーションメニューの［エクスプレッションを削除］でエクスプレッションを削除できる

▶▶方法2　［エクスプレッション］で他のプロパティと連携

01 素材を配置する

続いてエクスプレッションで他のプロパティと連携させる方法を説明します。まず初めに背景とイラストを配置します。この背景に適用したエフェクトのプロパティとイラストの［位置］プロパティを連携させてみましょう。

背景とイラストの素材を画面に配置する

背景素材に適用するエフェクトのプロパティとイラスト素材の［位置］プロパティを連携させる

02 背景素材に［ブラー（放射状）］エフェクトを適用する

背景の素材を選択し、エフェクトメニューもしくはエフェクト&プリセットパネルの［ブラー&シャープ］から［ブラー（放射状）］を選んで適用します。

背景素材に［ブラー（放射状）］エフェクトを適用する

エフェクトで背景が回転状態にぼける

03 エフェクトのプロパティにエクスプレッションを追加する

背景素材を選択した状態で[E]キーを押してエフェクトプロパティだけを表示します。その中の[中心]プロパティを選択してアニメーションメニューの[エクスプレッションを追加]を選んでエクスプレッションを追加します。

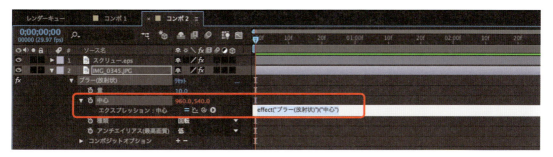

[ブラー(放射状)]エフェクトの[中心]プロパティにエクスプレッションを追加する

04 エフェクトの[中心]プロパティとイラストの[位置]プロパティを連携させる

まず、イラスト素材を選択して[P]キーを押して[位置]プロパティだけを表示します。次に、背景素材の[ブラー(放射状)]エフェクトの[中心]プロパティに追加したエクスプレッションのピックウィップを[位置]プロパティにドラッグします。これでブラーエフェクトの中心とイラストの位置が連携されました。

ピックウィップでエフェクトの[中心]プロパティとイラストの[位置]プロパティを連携させる

05 プロパティ同士の連携を確認する

イラストを動かすとブラーの中心も一緒に移動し、ブラーの[中心]プロパティとイラストの[位置]プロパティが連携されていることが分かります。

イラストの移動に合わせてブラーの中心点も移動する

066 素材に動きを加える

動きの軌跡を手描きする

［モーションスケッチ］機能はポインタの動きを記録する、というものです。キーフレームやエクスプレッションでは難しいリアルなモーションをつくることができます。ここではハチのイラストをドラッグして動かし、そのモーションを記録してリアルに動かしてみましょう。8の字飛行の後にホバリングする、といった自由な動きが設定できます。

▶▶方法1　［モーションスケッチ］でマウスの動きを記録

▶▶方法1　［モーションスケッチ］でマウスの動きを記録

01 素材を配置する

飛行のモーションをつけるハチのイラストを画面上に配置します。

ハチのイラストを画面に配置する

---

02 ［モーションスケッチ］パネルを開く

ウィンドウメニューの［モーションスケッチ］を選んでモーションスケッチパネルを開きます。ハチのイラストを選択するとモーションスケッチパネルの［キャプチャ開始］ボタンがアクティブになります。

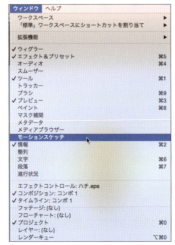

ウィンドウメニューの［モーションスケッチ］を選ぶ

モーションスケッチパネルが開く

180

03 モーションを記録する

モーションスケッチパネルの[キャプチャ開始]ボタンをクリックすると記録待機状態になります。コンポジションパネルでマウスドラッグを始めると記録が開始され、素材がワイヤーフレームで表示されてドラッグの速度と軌跡が記録されます。ドラッグの位置が記録されるので、素材の初期位置は関係ありません。動きをスタートしたい場所からドラッグを開始します。ドラッグを終えると記録が終了します。

コンポジションパネルでドラッグを始めると記録が開始される

04 記録結果を確認する

素材を選択して[P]キーを押すと[位置]プロパティだけが表示されます。ここにキャプチャしたモーションがキーフレームとして記録されています。

モーションの記録結果は位置プロパティのキーフレームになる

05 モーションスケッチをプレビューする

プレビューすると、ドラッグの動きに沿ってハチが動きます。人の手の動きを記録したモーションなので、よりリアルに動かすことができます。

ドラッグのモーション通りにハチが動く

067 文字を加える

文字を入力する

文字を入力するには、レイヤーを作成し、文字をキーボードから直接入力して、フォントやサイズを設定します。テキストレイヤーを新規作成するほか、文字ツールで画面上に直接入力することもできます。また、あらかじめ設定した範囲内にテキストを入力するには、段落テキストを作成します。

- ▶▶方法1 テキストレイヤーを作成する
- ▶▶方法2 文字ツールで直接入力する
- ▶▶方法3 段落テキストを作成する

▶▶方法1 テキストレイヤーを作成する

レイヤーメニューの[新規]から[テキスト]を選択します。テキストレイヤーが作成され、画面中央に挿入ポイントが表示されます。キーボードで文字を入力します。

レイヤーメニューの[新規]から[テキストレイヤー]を選択

テキストレイヤーが作成され、画面中央に挿入ポイントが表示される

文字を入力する

▶▶方法2 文字ツールで直接入力する

01 文字ツールを選択する

ツールバーの[縦書き文字ツール]、または[横書き文字ツール]をクリックして選択します。

文字ツールを選択する

02 文字を入力する場所をクリック

コンポジションパネルで、文字を作成したい場所をクリックします。挿入ポイントが表示されるので、キーボードで文字を入力します。タイムラインには、テキストレイヤーが自動生成されます。

文字を入力する場所をクリックする

挿入ポイントが表示される

文字を入力する

▶▶方法3 段落テキストを作成する

あらかじめ決めた範囲内に文字を入れる場合は、文字ツールでコンポジションパネル内をドラッグして、バウンディングボックスを作成します。文字を入力すると、作成したバウンディングボックス内に文字が配置され、ボックスの端で自動的に改行されます。

文字ツールを選択する

文字を入力する場所をドラッグする

ドラッグして四角形を作る

バウンディングボックスができる

文字を入力するとボックス内に配置される

フォントとサイズの設定

文字パネルで入力した文字のフォントファミリー、フォントスタイル、サイズを設定します。ウィンドウメニューで[文字]を選択して文字パネルを表示します。
フォントファミリーのプルダウンメニューでフォントを選択します。フォントスタイルのプルダウンメニューで、フォントの太字、斜体を選択します（フォントによってフォントスタイルがないものもあります）。フォントサイズは、数値を直接入力するか、数値を左右にドラッグして指定します。

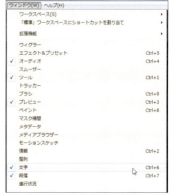

ウィンドウメニューで[文字]を選択して文字パネルを表示する

フォントファミリーでフォントを選択

フォントスタイルでフォントの太字、斜体を選択

フォントサイズを指定する

068 文字を加える

文字と段落を調整する

入力したテキストの文字間隔や行間、段落は文字パネルと段落パネルで設定できます。テキストの改行はEnterキー（Macはreturnキー）でおこないます。

- ▶▶方法1　文字パネルで設定する
- ▶▶方法2　段落パネルで設定する

▶▶方法1　文字パネルで設定する

ウィンドウメニューから［文字］を選択して文字パネルを表示します。

A［フォントサイズ］：文字の大きさを設定します
B［行送り］：行間の高さを設定します。

C［カーニング］：あらかじめ文字ツールで文字と文字の間をクリックした上で、その2文字間のスペースを設定します。自動カーニングを選択する場合は［メトリクス］または［オプティカル］から選択します。
　　　［メトリクス］：フォント内蔵のカーニング情報をもとにした文字間隔
　　　［オプティカル］：文字のシェイプに合わせた文字間隔
D［トラッキング］：テキスト全体の文字間隔を設定します。

E［線］：「069:文字の色、線の色と太さを変える」を参照

F［垂直比率］：文字の縦方向の大きさを設定します。
G［水平比率］：文字の横方向の大きさを設定します。

H［ベースラインシフト］：あらかじめ文字ツールでドラッグして選択した文字を、他の文字よりも上、または下（縦書きの場合は右、または左）に移動します。
I［文字詰め］：あらかじめ文字ツールでドラッグして選択した文字の左右（上下）を詰めます。

ウィンドウメニューで［文字］を選択

文字パネル

J [太字]:文字を太字にします。
K [斜体]:文字を斜体にします。
L [オールキャップス]:文字をすべて大文字に変換します。
M [スモールキャップス]:文字をすべて小文字の大きさの大文字に変換します。
（大文字で入力してあるテキストは変換できません）
N [上付き文字]:自動的に文字を小さくしてベースラインより上に表示します。
O [下付き文字]:自動的に文字を小さくしてベースラインより下に表示します。

文字パネル

▶▶方法2　段落パネルで設定する

ウィンドウメニューから[段落]を選択して段落パネルを表示します。

ウィンドウメニューで[段落]を選択

A [整列オプション]:
左揃え、中央揃え、右揃え、両端揃えの最終行の配置の設定
B [インデント設定]:
段落の頭の空白の大きさ、またはバウンディングボックスと文字の距離を設定します。

段落パネル

069　文字を加える

文字の色、線の色と太さを変える

文字の輪郭を縁取る線を加えることができます。文字パネルの塗りのカラー、線のカラーを使って、文字と縁取りに違う色を設定することも可能です。塗りを非表示にして線のみの文字も作成できます。線の太さと塗りとの位置を変更すると全体のイメージが大きく変わります。

▶▶方法1　文字パネルの[塗り]と[線]で設定する

▶▶方法1　文字パネルの[塗り]と[線]で設定する

01　塗りの色を変更する

文字パネルの[塗り]のカラーボックスをクリックして色を変更します。ボックスをクリックすると、テキストカラーパネルが表示されるので、カラーを指定します。

文字パネルの[塗り]のカラーボックスをクリック

テキストカラーパネル

02　線の色を変更する

文字パネルの[線]のカラーボックスをクリックして、[塗り]のカラーボックスより手前に配置します。もう一度[線]のカラーボックスをクリックして、テキストカラーパネルからカラーを指定します。

文字パネルの[線]のカラーボックスをクリック

テキストカラーパネル

187

03 線のみにする

［塗り］のカラーボックスが手前にある状態（クリックすると手前に表示されます）で、カラーボックスの左下にある［塗り、または線なし］ボタンをクリックします。塗りが非表示になり、線のみの文字が作成されます。

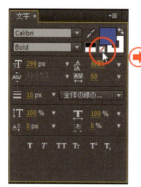
［塗り、または線なし］ボタンをクリック

［塗り］が非表示になる

線のみの文字となる

04 線幅を設定する

［線幅を設定］で、プルダウンメニューからサイズを選択するか、直接数値を入力して線の太さを設定します。

05 線の位置

塗りと線の位置を設定します。［塗りの上に線］［線の上に塗り］で選択している文字の表示方法を、［全体の線の上に全体の塗り］［全体の塗りの上に全体の線］で選択しているテキストレイヤー全体の文字の表示方法を設定します。
例えば、［線の上に塗り］に設定している場合、線の太さが文字より大きくなると前後の文字に線が重なってしまいます。このような場合に［全体の線の上に全体の塗り］に設定すると、すべての線の上に塗りが表示されるので、文字がすべて上に表示されます。

塗りと線の位置を設定

線の上に塗り

全体の線の上に全体の塗り

070　文字を加える

横書き文字を縦書き文字に変える

文字ツールには横書きと縦書きがあり、あらかじめどちらかを選択してからテキストを作成します。すでに作成してあるテキストを横書きから縦書き、または縦書きから横書きへ修正する場合には、文字ツールで右クリック（Macはcontrolキー＋クリック）して設定し直すことができます。

▶▶方法1　文字ツールで右クリック
　　　　　（Macはcontrol+クリック）

▶▶方法1　文字ツールで右クリック（Macはcontrol+クリック）

01　横書きのテキストを選択

横書き文字ツールでテキストを入力します。次に選択ツールでテキストをクリックしてレイヤー全体を選択します。

横書き文字ツールを選択

テキストを入力

選択ツールを選択

テキストレイヤー全体を選択

02　文字ツールで右クリック
　　　（Macはcontrol+クリック）

再び文字ツールをクリックして、コンポジションパネルのどこかを右クリック(Macはcontrolキー+クリック)します。
メニューが表示されるので、[縦書き]を選択します。縦書きを横書きに直す場合も同じ手順です。

コンポジションパネルのどこかを右クリック(Macはcontrolキー+クリック)

[縦書き]を選択

189

071 文字を加える

縦書きテキストで横向きの英数字を縦にする

縦書きのテキストを作成する際、文中に半角英数字で入力した文字は横向きになってしまいます。横向きになった数字や英字を部分的に選択して縦書きに修正することができます。2桁以上の数字などは、まとめて縦に直す［縦中横］を使用します。

▶▶方法1　［縦組み中の欧文回転］で回転
▶▶方法2　［縦中横］で2桁以上の文字をまとめて回転

▶▶方法1　［縦組み中の欧文回転］で回転

01 文字を選択する

縦書きのテキストの中で横向きになっている英数字を、文字ツールでドラッグして選択し、反転している状態にします。

横向きになっている英数字を文字ツールで選択

02 縦組み中の欧文回転を適用

文字パネルの右上の、パネルメニューボタンをクリックして［縦組み中の欧文回転］を選択します。英数字が縦書きに変わるのでトラッキングやカーニングで文字間隔を調整します。

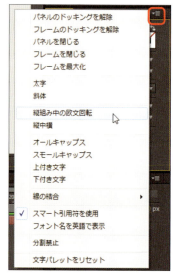

パネルメニューボタンをクリックして［縦組み中の欧文回転］を選択

英数字が縦書きになる

文字間隔を調整する

横向きになっている英数字が縦書きになりました。

▶▶方法2　［縦中横］で2桁以上の文字をまとめて回転

01　文字を選択する

縦書きテキストの中で、数字など2桁以上の文字をまとめて縦書きに直します。テキストの中で横向きになっている英数字を、文字ツールでドラッグして選択し、反転している状態にします。

横向きになっている英数字を文字ツールで選択

02　縦中横を適用する

文字パネル右上の、パネルメニューボタンをクリックして［縦中横］を選択して適用します。英数字がまとめて縦書きに変化します。

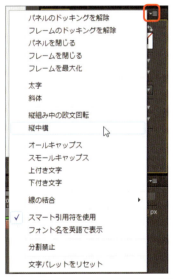

英数字が縦書きになる

パネルメニューボタンをクリックして［縦組み中の欧文回転］を選択

191

072 文字を加える

文字全体を動かす

テキストレイヤーは、平面レイヤーやシェイプレイヤーのようにレイヤーごと動かすことができます。位置だけではなく、レイヤーのトランスフォームを使用して、回転、不透明度なども変更できます。

▶▶方法1　テキストレイヤーの[トランスフォーム]を使う

▶▶方法1　テキストレイヤーの[トランスフォーム]を使う

01 トランスフォームを表示する

タイムラインでテキストレイヤーの左側の三角形をクリックして、さらに[トランスフォーム]の左側の三角形もクリックします。位置や不透明度といったトランスフォームプロパティが展開されます。

テキストレイヤーの左側の三角形をクリック

トランスフォームの左側の三角形もクリック

02 位置を調整する

[位置]の数値を左右にドラッグするか、直接数値を入力してレイヤーの位置を調整します。または、選択ツールでコンポジションパネルのテキストレイヤーをドラッグして位置を調整します。

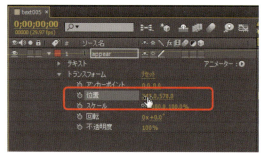

位置の数値を調整する

選択ツールでコンポジションパネルのテキストレイヤーをドラッグ

073　文字を加える

図形に沿って文字を移動させる

ペンツールやシェイプツールで作成した図形のラインに文字を沿わせることができます。直線や曲線、図形の形に文字を並べることができるので、動くロゴや飾り文字として使用できます。あらかじめ作成したテキストレイヤー上にマスクとして線を加え、これをパスに指定します。

▶▶方法1　マスクを作成してパスに指定する

▶▶方法1　マスクを作成してパスに指定する

01　テキストを入力する

文字ツールでテキストを入力します。

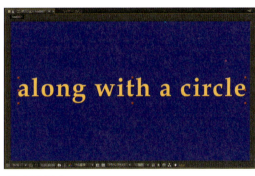

テキストを入力する

02　テキストレイヤーにマスクを作成する

シェイプツールを長押しして［楕円形ツール］を選択します。テキストレイヤーを選択した状態で、コンポジションパネル内をドラッグして円を描画します。テキストレイヤーにマスクが作成されます。

楕円形ツールを選択

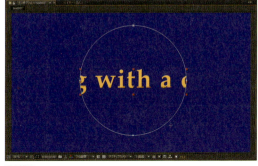

円を描く

03 パスのオプションでマスクを指定する

タイムラインでテキストレイヤーの左側の三角形をクリックして、プロパティを展開します。[テキスト]の左側の三角形、さらに、[パスのオプション]の左側の三角形をクリックして、パスのプルダウンメニューで[マスク1]を選択します。
文字が作成したマスクに沿って表示されます。

パスのオプションの左側の三角形をクリックして展開する

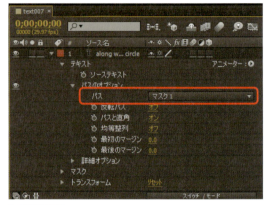

[マスク1]を選択

04 外側と内側を反転させる

楕円の内側に表示されているテキストを、外側に表示します。パスのオプションの[反転パス]の右側にある[オフ]をクリックして[オン]にします。テキストが楕円の外側へ移動します。

[反転パス]の右側にある[オフ]をクリックして[オン]に

テキストが楕円の外側へ移動する

05 | 図形に沿った文字を動かす

文字を動かす場合は、[最初のマージン]にキーフレームを設定して位置が移動するアニメーションにします。

[最初のマージン]にキーフレームを設定

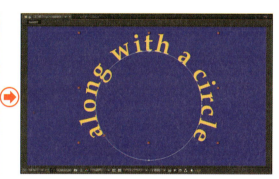

テキストが円の外側を移動するアニメーション

074　文字を加える

文字を順番に表示させる

テキストが端から順番に現れてくる動きを作成します。順番に現れることで、一文字ずつ読ませる表現になります。方法の1つとして、テキストレイヤーにマスクを作成し、表示部分を徐々に広げていく方法、もう1つの方法として、テキストのアニメーター機能を使用して、不透明度を端から上げていく方法があります。

- ▶▶方法1　マスクの大きさを変化させる
- ▶▶方法2　アニメーター［不透明度］を適用する

▶▶方法1　マスクの大きさを変化させる

01　テキストレイヤーを用意する

テキストレイヤーを用意します。ここでは、横書き文字一行のテキストを作成します。

テキストレイヤーを作成する

02　マスクを作成する

レイヤーを選択した状態で、長方形ツールをクリックします。左側の文字と重ならない位置に、文字よりも高さのあるマスクを作成します。

長方形ツールをクリック

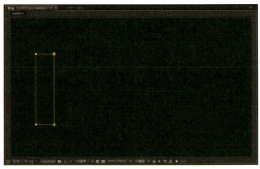

文字の左側に高さのあるマスクを作成

03 開始点にキーフレームを設定する

タイムラインでマスクプロパティの[マスクパス]にキーフレームを作成します。はじめに、[現在の時間インジケーター]を始点の時間に配置して、マスクパスのストップウォッチをクリックします。

[現在の時間インジケーター]を始点の時間に配置して、マスクパスのストップウォッチをクリック

04 終了点にキーフレームを設定する

[現在の時間インジケーター]を文字がすべて出現する時間へ移動します。

選択ツールでマスクの右側の辺のみを文字全体が見える位置までドラッグし、マスクの幅を広げます。自動的に終点のキーフレームが作成されます。

[現在の時間インジケーター]を文字がすべて現れる時間へ移動する

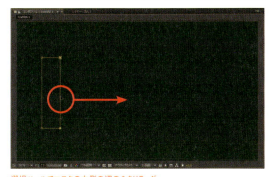

選択ツールでマスクの右側の辺のみをドラッグ

文字全体が見える位置までドラッグ

終点のキーフレームが作成される

05 マスクの境界のぼかしを加える

マスクの境界をぼかして自然に現れる動きにします。マスクの境界のぼかしの数値を入力して文字のエッジにぼかしを加えます。

マスクの境界が直線になっている状態

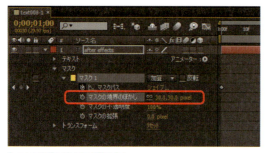

[マスクの境界のぼかし]の数値を入力

マスクの境界をぼかした状態

▶▶方法2　アニメーター[不透明度]を適用する

01 テキストレイヤーを用意する

テキストレイヤーを用意します。ここでは、横書き文字一行のテキストを使用します。

テキストレイヤーを作成

02 アニメータープロパティを追加する

テキストレイヤーには文字を個別に動かすための[アニメーター]機能が用意されています。[テキスト]プロパティにあるアニメーターメニューをクリックします。メニューから[不透明度]を選択して追加します。

メニューから[不透明度]を選択

03 開始の状態を設定する

不透明度が徐々に高くなる設定をおこないます。まず、[アニメーター1]の[不透明度]（トランスフォームの方ではありません）を0%に設定します。文字が完全に消えた状態になります。これが開始の状態となります。

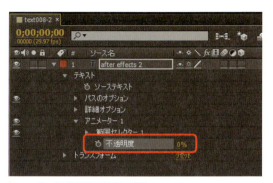

[アニメーター1]の[不透明度]を0%に設定

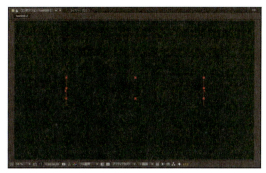

文字が非表示になる

04 [開始]にキーフレームを設定する

[範囲セレクター1]の[開始]にキーフレームを設定します。始点の時間に[現在の時間インジケーター]を移動して、ストップウォッチマークをクリックしてキーフレームを作成します。この時、[開始]の数値は0%です。この数値は、文字が変化する位置を表しています。0%は文字の左端の位置です。

[開始]の数値は0%に設定

[現在の時間インジケーター]を終点の時間に移動して、[開始]の数値を100%に設定します。数値100%は文字の右端の位置を表しています。これで不透明度0%の状態が文字の左から右へと変化しながら移動するアニメーションとなり、文字が一文字ずつ浮かび上がるようになります。

[開始]の数値は100%に設定

文字が一文字ずつ現れる

199

075　文字を加える

一文字ずつバラバラに表示させる

一文字ずつランダムに文字が現れるアニメーションを作成します。アニメーター機能の［不透明度］を使用した一文字ずつ現れる動きに［順序をランダム化］を適用すると、不規則な順序で一文字ずつバラバラにアニメートすることができます。

▶▶方法1　アニメーター［不透明度］の順序をランダム化

1：「074」の「方法2」の動きを用意する

アニメーター機能の不透明度を使用したテキストレイヤーを用意します（詳細は「074」を参照してください）。

アニメーター機能の不透明度を使用したテキストレイヤー

文字が順番に現れる

200

2:［順序をランダム化］をオンにする

01 ランダム化する

タイムラインで、［アニメーター1］の［範囲セレクター1］を開いて、さらに［高度］プロパティを開きます。プロパティの中の［順序をランダム化］の右側にあるオレンジの［オフ］という文字をクリックして［オン］にします。徐々に現れる文字の順番がランダムに変更されます。

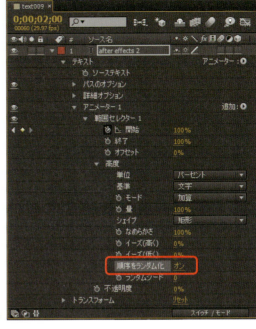

［順序をランダム化］の右側をクリックして［オン］にする

文字が順番に現れる

02 ランダムシードで順番を変更する

ランダムに現れる順番のパターンを変更したい場合は、［高度］の［ランダムシード］の数値を変更します。
［ランダムシード］の数値の違いによって、パターンがさまざまに変化します。

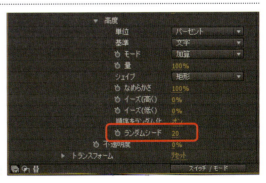

［ランダムシード］の数値を変更

順序のパターンが変わる

076　文字を加える

文字間隔を徐々に狭くする

アニメーター機能の[字送り]を使って、文字が集まってきて単語になる動きを作成します。文字を段落設定で中央揃えにして、[高度]プロパティで基準を単語に設定すると、画面中央を中心にした動きとなります。

▶▶方法1　アニメーター[字送り]を適用する

▶▶方法1　アニメーター[字送り]を適用する

01　テキストレイヤーを中央揃えにする

テキストレイヤーを作成します。段落パネルで中央揃えに設定しておきます。左揃えから中央揃えに変更すると、アンカーポイントの場所が中央に変更されます。これに伴い素材の位置が変わるので、コンポジションの中央へドラッグしておきます。

テキストレイヤーを作成

段落パネルで中央揃えに設定

左揃えから中央揃えに変更

02　アニメーター機能の[字送り]を適用する

タイムラインで、[テキスト]プロパティにあるアニメーターメニューから[字送り]を選択して適用します。

アニメーターポップアップメニューの[字送り]を選択

03 開始の状態を設定する

レイヤーに追加された[アニメーター1]の[トラッキングの量]の数値を設定します。直接数値を入力するか、数値をドラッグしてコンポジションで確認しながら設定します。これが、開始の状態となります。

文字間隔が広がった状態になる

[アニメーター1]の[トラッキングの量]の数値を設定

04 [開始]にキーフレームを設定する

【始点のキーフレーム】
[範囲セレクター1]の[開始]にキーフレーム設定をおこないます。[現在の時間インジケーター]を始点の時間に移動させ、[開始]のストップウォッチをクリックします。この時、[開始]の数値は0%です。

始点の開始の数値は0%

【終点のキーフレーム】
[現在の時間インジケーター]を終点の時間へ移動して、[開始]の数値を100%に設定します。自動的に終点のキーフレームが作成されます。

終点の開始の数値を100%

203

05 [高度]の[基準]を設定する

[高度]の[基準]プルダウンメニューで、[単語]を選択します。動きの中心が単語の中央に設定されます。

高度の基準プルダウンメニューで、単語を選択

文字が遠くから集まってくるアニメーション

077　文字を加える

一文字ずつぼかして消す

アニメーター機能の[ブラー]を使って、文字が一文字ずつぼやけて消えていく動きを作成します。文字が現れる動きは[開始]を、文字が消えていく動きは[終了]にキーフレームを設定します。

▶▶方法1　アニメーター[ブラー]を適用する

▶▶方法1　アニメーター[ブラー]を適用する

01　テキストレイヤーを用意する

テキストレイヤーを用意します。ここでは、横書き文字一行のテキストを使用します。

テキストレイヤーを作成

02　アニメーター機能のブラーを追加する

タイムラインで[テキスト]プロパティにあるアニメーターメニューから[ブラー]を選択して適用します。

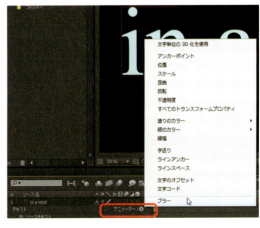

アニメーターポップアップメニューの[ブラー]を選択

03 終了の状態を設定する

［ブラー］の終了点の数値を設定します。数値を直接入力するか、数値をドラッグして効果を確認しながら設定します。

ブラーの数値を設定

ぼやけ具合を確認する

---

04 ［終了］にキーフレームを設定する

【始点のキーフレーム】［現在の時間インジケーター］を動きの始点の時間に移動して、［終了］のストップウォッチをクリックします。この時、［終了］の数値は0%です。

［現在の時間インジケーター］を動きの始点の時間に移動。［終了］の数値は0%

始点の状態

【終点のキーフレーム】［現在の時間インジケーター］を動きの終点の時間に移動して、［終了］の数値を100%に設定します。自動的に終点のキーフレームが作成されます。

［現在の時間インジケーター］を動きの終点の時間に移動。［終了］の数値は100%

一文字ずつぼやけていくアニメーションとなる

078　文字を加える

一文字ずつ回転しながら移動させる

アニメーター機能で、複数のプロパティを同時に動かすこともできます。アニメーター機能の［すべてのトランスフォームプロパティ］を選択すると、アンカーポイント、位置、スケール、歪曲、歪曲軸、回転、不透明度のプロパティを1つのアニメーター機能で同時に動かすことができます。ここでは、文字が回転しながら上から落ちてくる動きを設定します。

▶▶方法1　アニメーター
　　　　　［すべてのトランスフォームプロパティ］を
　　　　　適用する

▶▶方法1　アニメーター［すべてのトランスフォームプロパティ］を適用する

01　テキストレイヤーを用意する

テキストレイヤーを用意します。ここでは、横書き文字一行のテキストを使用します。

テキストレイヤーを作成

02　アニメーター機能を追加する

タイムラインで［テキスト］プロパティにあるアニメーターメニューから［すべてのトランスフォームプロパティ］を選択して適用します。

アニメーターポップアップメニューの
［すべてのトランスフォームプロパティ］を選択

207

03 開始の状態を設定する

【スケールを設定する】
[アニメーター1]の[位置]、[スケール]、[回転]を設定します。はじめに、[スケール]を設定します。ここでは、スケールを300%に設定します。

[スケール]を300%に設定

【位置を設定する】
[アニメーター1]の[位置]を設定します。[位置]の右側の数値をドラッグして、画面から文字が消えるまで上に移動します。

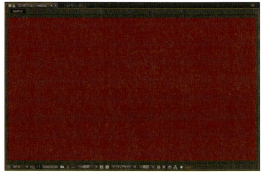

[位置]を設定

画面から文字が消えるように[位置]を設定

【回転を設定する】
[アニメーター1]の[回転]を設定します。[回転]の数値を1×+0.0°に設定します。この設定で、文字が一回転します。

[回転]の数値を1×+0.0°に設定

04　[開始]にキーフレームを設定する

【始点のキーフレーム】
[現在の時間インジケーター]を始点の時間へ移動して、ストップウォッチをクリックします。この時、[開始]の数値は0%です。

[現在の時間インジケーター]を開始の時間へ移動。[開始]の数値は0%

【終点のキーフレーム】
[現在の時間インジケーター]を動きの終点の時間へ移動して、[開始]の数値を100%に設定します。自動的に終点のキーフレームが作成されます。これで設定が終了しました。

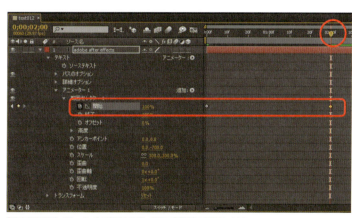

[現在の時間インジケーター]を終了の時間へ移動。[開始]の数値は100%

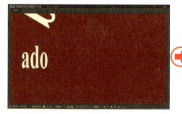 

文字が1つずつ回転しながら落ちて来て並んでいく

079　文字を加える

文字の中にだけ映像を入れる

画像をテキストレイヤーで切り抜いて、文字の中にだけ画像が表示されるようにします。切り抜いて使用する画像のレイヤー（塗りレイヤー）のすぐ上にテキストレイヤーを配置して、テキストレイヤーをトラックマットとして使用します。

▶▶方法1　テキストレイヤーをトラックマットとして使用

▶▶方法1　テキストレイヤーをトラックマットとして使用

01　塗りレイヤーとテキストレイヤーを配置する

塗りレイヤーとして使用する画像レイヤーをタイムラインに配置して、その上にテキストレイヤーを作成します。テキストの色は反映されないので、何色でもかまいません。

タイムラインに画像レイヤーを配置して、その上にテキストレイヤーを作成

画像レイヤーの上にテキストレイヤーを配置

02 モード列を表示する

モード列を表示します。[列見出し]を右クリック(Macはcontrolキー+クリック)して[列を表示]から[モード]を選択します。スイッチ／モードの切り替えボタンが表示されている場合は、ボタンをクリックしてモード列を表示することができます。

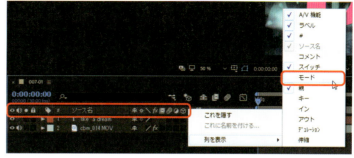

[列見出し]を右クリック(Macはcontrol+クリック)して[列を表示]から[モード]を選択

スイッチ／モードの切り替えボタン

03 [トラックマット]を設定する

塗りレイヤーのトラックマットプルダウンメニューで、[アルファマット"テキストレイヤー名"]を選択します。塗りレイヤーの画像がテキストの形に切り抜かれました。

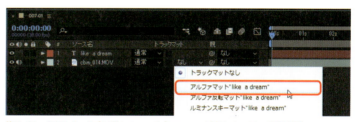

塗りレイヤーのトラックマットプルダウンメニューで、[アルファマット"テキストレイヤー名"]を選択

アルファマットが設定される

画像がテキストの形に切り抜かれる

211

080　文字を加える

文字アニメーションのテンプレートを使う

アニメーションプリセットを使用して、あらかじめ動きが作成されたテンプレートをテキストレイヤーに適用することができます。プリセットは、Adobe Bridgeでプレビューを見ながら確認できます。

▶▶方法1　アニメーションプリセットを使う

▶▶方法1　アニメーションプリセットを使う

01　テキストレイヤーを用意する

テキストレイヤーを用意します。ここでは、横書き文字一行のテキストを使用します。

テキストレイヤーを作成

02　アニメーションプリセットを参照する

タイムラインでテキストレイヤーをクリックし、選択した状態にしておきます。アニメーションメニューの［アニメーションプリセットを参照］を選択します。Adobe Bridgeが起動して、Presetsフォルダが表示されます。

テキストレイヤーを選択

アニメーションメニューの［アニメーションプリセットを参照］を選択

Bridgeが起動して、Presetsフォルダが表示される

03 Textフォルダを表示する

Presetsフォルダ内のTextフォルダをダブルクリックして、Textフォルダを表示します。動きの分類ごとにフォルダが分けられています。

PresetsフォルダのTextフォルダをダブルクリック

Textフォルダを表示

04 テンプレートのプレビューを確認する

分類フォルダをダブルクリックすると、テンプレートが表示されます。クリックすると、右上のプレビュー画面で動きを確認することができます。

テンプレートのプレビューを再生すると動きを確認することができる

05 テンプレートを適用する

テンプレートをダブルクリックすると、選択しているテキストレイヤーに適用されます。Bridgeを閉じて、After Effectsに戻ってプレビューを再生して確認します。

テンプレートをダブルクリックすると、選択しているテキストレイヤーに適用される

Bridgeを閉じて、After Effectsに戻る

プレビューを再生して確認

081　文字を加える

立体の文字にする

コンポジションの設定で、レイトレース3Dまたはクラシック3Dを選択すると、文字を立体にすることができます。レイトレースコンポジションでは、文字やレイヤーを押し出して厚みを加えることができます。クラシック3Dでは平面に奥行きを加えることができます。ライトやシャドウで影を付けることも可能です。

▶▶方法1　[レイトレース3D]を使う
▶▶方法2　[クラシック3D]を使う

▶▶方法1　[レイトレース3D]を使う

01　コンポジションの設定

コンポジションを作成し、コンポジション設定の[3Dレンダラー]タブをクリックして表示し、レンダラーのプルダウンメニューから[レイトレース3D]を選択します。

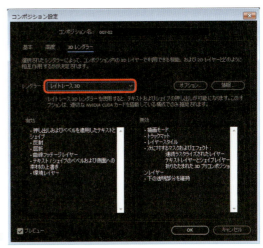

レンダラーのプルダウンメニューから[レイトレース3D]を選択

02　テキストレイヤーを3Dレイヤーにする

テキストレイヤーの[3Dスイッチ]をクリックしてオンにします。正面からでは厚みが分かりにくいので、Y回転を-30.0°に設定します。

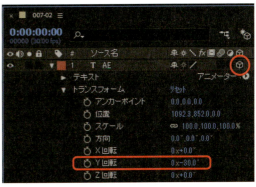

テキストレイヤーの3Dスイッチをオンにする

215

正面からでは分かりにくいので

Y回転を-30.0°にした

03 ライトを加える

厚みがわかりやすいように、ライトレイヤーを加えます。レイヤーメニューの[新規]から[ライト]を選択して、[ライトの種類]を[平行]にします。

レイヤーメニューの[新規]から[ライト]を選択

[ライトの種類]を[平行]にする

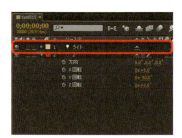
ライトが追加された

04 押し出す深さを設定する

テキストレイヤーのプロパティを表示して、[形状オプション]の[押し出す深さ]の数値を設定します。数値が大きいほど、レイヤーに厚みが増します。

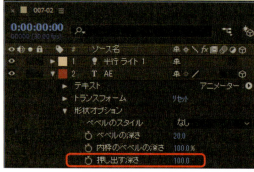
形状オプションの[押し出す深さ]の数値を設定

厚みが増した

05 ベベルの設定

[ベベルのスタイル]と[ベベルの深さ]で、エッジの形状を設定します。

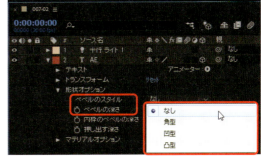

エッジの形状を設定

■ベベルのスタイル

なし

角型

凹型

凸型

▶▶方法2　[クラシック3D]を使う

01 コンポジションの設定

コンポジションを作成して、コンポジション設定の[高度]タブでレンダラーを[クラシック3D]に設定します。

レンダラーを[クラシック3D]に設定

217

02 レイヤーを用意して3Dレイヤーに設定する

テキストレイヤーと、テキストレイヤーの影を落とすための平面レイヤーを用意します。両方のレイヤーの[3Dスイッチ]をクリックしてオンにしておきます。平面レイヤーとテキストレイヤーに距離を作るため、平面レイヤーの位置の[Z位置]を300.0に設定します。平面レイヤーが背後へ移動して、小さく表示されました。

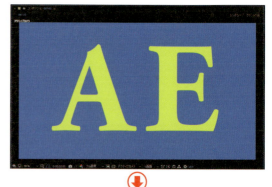

テキストレイヤーと平面レイヤーを用意し、3Dレイヤー化し、平面レイヤーの位置の[Z位置]を300.0に設定

背後へ移動した平面レイヤーが小さく表示される

03 ライトを加える

影を作るため、ライトレイヤーを作成します。レイヤーメニューの[新規]から[ライト]を選択します。
[ライト設定]で、[ライトの種類]を[スポット]に、[シャドウを落とす]にチェックを入れてオンにします。

レイヤーメニューの[新規]から[ライト]を選択

ライトの設定

ライトが設定された

04 レイヤーのシャドウ設定

テキストレイヤーのシャドウの設定をおこないます。テキストレイヤーの[マテリアルオプション]で、[シャドウを落とす]の右側の文字をクリックして、オンにします。テキストレイヤーに影が作成されます。

[シャドウを落とす]をオンにする

テキストレイヤーに影ができた

05 シャドウの設定

最後に、ライトレイヤーでシャドウの設定をおこないます。[シャドウの暗さ]で影の濃さを、[シャドウの拡散]で影のぼかしを設定します。

[シャドウの暗さ]で影の濃さを、[シャドウの拡散]で影のぼかしを設定する

影に暗さとぼかしを設定した

082 平面や図形を加える

単色の平面を加える

テキストや縮小した素材の背景として白や青といった単色の画面を使う場合があります。この場合はAfter Effects上で新規平面を作成します。平面は他の素材と同じように拡大／縮小したり半透明にすることができるので、例えば画面の飾りとしても使用できます。また、逆光や円といった描画エフェクトを使う時も平面に適用します。

▶▶方法1　平面レイヤーを作成する

▶▶方法1　平面レイヤーを作成する

01 レイヤーメニューで新規平面を作成する

平面を作成するために、レイヤーメニューの［新規］から［平面］を選びます。タイムラインやコンポジションパネルの右クリックから選ぶこともできます。

レイヤーメニューの［新規］から［平面］を選ぶ

02 平面の設定をする

［平面設定］ダイアログボックスが現れるので、ここで平面の設定をします。平面を管理するために名称をつける場合は［名前］に名称を入力します。初期状態では平面の色が名称になります。次にサイズの設定をしますが、編集の画面サイズつまりコンポジションと同じサイズにする場合は［コンポジションサイズ作成］をクリックします。最後に［カラー］で平面の色を設定し、設定がすべて終わったら［OK］をクリックします。

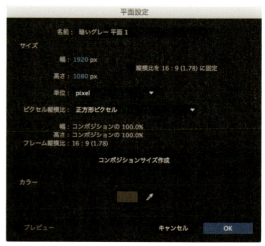

［平面設定］ダイアログボックスで平面の設定をする

03 プロジェクトパネルに平面が作成される

プロジェクトパネルを見ると、いま作成した平面が［平面］フォルダの中に作成されています。

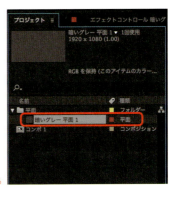

プロジェクトパネルに作成した平面が作成される

04 タイムラインに平面が配置される

タイムラインに作成した平面が自動的に配置されます。平面の名称の左にある三角マークをクリックしてプロパティを開くと、他の素材と同様に［位置］［スケール］［不透明度］といったプロパティが並んでいます。このプロパティを利用すれば他の素材と同じような編集が可能です。

タイムラインに作成した平面が配置される

05 平面の色を変更する

平面の色を後から変更する場合は、タイムラインやプロジェクトパネルで平面を選択してレイヤーメニューの［平面設定］を選びます。平面を作成した時と同じ［平面設定］ダイアログボックスが開くので、ここで［カラー］を変更します。平面のオリジナルサイズや名称などもここで変更できます。

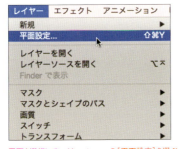

平面を選択してレイヤーメニューの［平面設定］を選ぶ

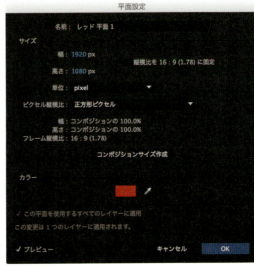

［平面設定］ダイアログボックスで
平面の色を変更する

083　平面や図形を加える

図形を加える

図形を加える場合はシェイプレイヤーを作成し、図形を描画します。ツールにより様々な図形が描画できますが、描画後の操作の方法は図形によって異なります。そこで、ここでは基本的な図形の描画方法と設定方法を説明します。いずれの図形でもここで説明する操作方法は同じです。

▶▶方法1　シェイプレイヤーを作成する

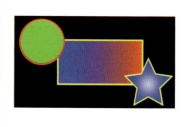

▶▶方法1　シェイプレイヤーを作成する

01　レイヤーメニューで新規シェイプレイヤーを作成する

図形を作成するために、レイヤーメニューの[新規]から[シェイプレイヤー]を選びます。シェイプツールでコンポジションパネルに直接描画をしても自動的にシェイプレイヤーが作成されますが、シェイプツールは素材の一部を表示するマスク作成にも使用するので、図形を描く時には新規シェイプレイヤーを作成するクセをつけておいたほうが良いでしょう。

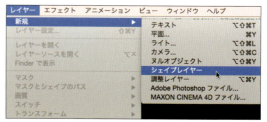

レイヤーメニューの[新規]から[シェイプレイヤー]を選ぶ

02　シェイプツールを選ぶ

描画する図形に応じたシェイプツールを選びます。シェイプツールは長方形や楕円形など5種類用意しています。これ以外に自由な形状の図形を描画するペンツールがあります。

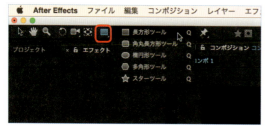

描画する図形に応じた[シェイプツール]を選ぶ

自由な形状を描画する場合は[ペンツール]を選ぶ

03 図形の塗りを設定する

シェイプツールを選んだら次に図形の塗りを設定します。[塗り]の文字をクリックすると[塗りオプション]ダイアログボックスが現れます。ここでまず塗りの種類を選びます。種類は[透明][単色][線形グラデーション][円形グラデーション]の4種類です。[透明]を選ぶと外枠だけの図形が描画できます。次に図形の描画モードと不透明度を選びます。描画モードに関しては「092:表示方法で合成する」を参照してください。これらの設定は描画後に変更することができます。設定が終わったら[OK]をクリックします。

[塗り]の文字をクリックする

[塗りオプション]ダイアログボックスで
図形の塗りの設定をする

04 図形の塗りの色を設定する

[塗り]のカラー部分をクリックして塗りの色を指定します。塗りの種類でグラデーションを選んでいる場合はカラー指定ダイアログボックスでグラデーションの色を指定します。グラデーションの色指定方法は「089:グラデーションの平面をつくる」を参照してください。ここで設定した色も描画後に変更できます。色を指定したら[OK]をクリックします。

[塗り]のカラー部分をクリックする

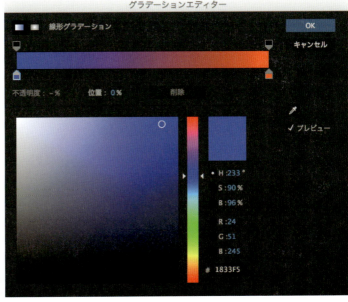

塗りの色を指定するダイアログボックスで
グラデーションの設定もおこなう

223

05 図形の線と色の設定をする

図形の線の設定も塗りと同じです。まず［線］の文字部分をクリックして［線オプション］ダイアログボックスを開き、線の種類、描画モード、不透明度を選びます。次に［線］カラー部分をクリックして線の色を指定します。

［線］の文字とカラー部分をクリックして線の設定をする

06 図形の線の太さを設定する

［線］のカラーの隣にある数値は線の太さです。ここをクリックして数値を直接入力するか、数字の上をドラッグして数値を上下させます。

線の太さの表示をクリックして太さを設定する

07 図形を描画する

シェイプツールでコンポジションパネルに図形を描画します。この時shiftキーを押しながらドラッグすると正方形や正円が描画されます。描画後は［選択ツール］に戻して図形の移動やサイズ変更をおこないます。この操作は他の素材と同じで、［回転ツール］を使って回転させることもできます。また、図形を選択して塗りと線を変更することもできます。変更方法は最初の設定と同じ操作をおこないます。

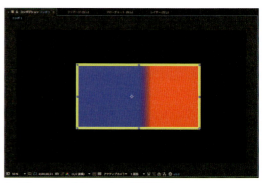

シェイプツールでコンポジションパネルに図形を描画する

08 複数の図形を描画する

1つのシェイプレイヤーに複数の図形を描画することができます。ですので、図形を描画後に他のシェイプツールに切り替えて別の図形を描画する、といった操作をおこなってもシェイプレイヤーが増えることはありません。個々の図形の選択はダブルクリックでおこなえるので、それぞれの図形に違う塗りと線の設定をすることができます。新たなシェイプレイヤーに図形を描画したい場合は、レイヤーメニューの［新規］から［シェイプレイヤー］を選んでシェイプレイヤーを追加します。

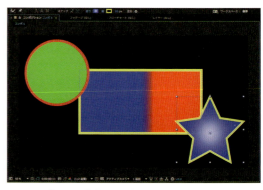

1つのシェイプレイヤーに複数の図形を描画できる

09 シェイプレイヤーと図形のプロパティ

タイムラインに作成されたシェイプレイヤーを開くと、大きく分けて[コンテンツ]と[トランスフォーム]の2つのプロパティが存在します。[コンテンツ]には描画した図形のプロパティが格納され、ここで各図形の塗りや線などの設定を管理します。[トランスフォーム]はこのシェイプレイヤー全体を管理するプロパティで、例えば[不透明度]プロパティの値を下げると、このシェイプレイヤーで描画したすべての図形が半透明になります。

タイムラインの図形のプロパティで図形の設定を管理する

10 プロパティを追加する

初期状態のプロパティ以外に特殊なプロパティを追加することができます。[コンテンツ]プロパティの右にある[追加]をクリックしてメニューを表示し、図形を繰り返して表示する[リピーター]や線を震えさせる[パスのウィグル]など図形を複雑な形状に変形させるプロパティを選択して追加します。

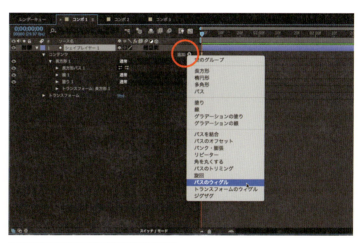

タイムラインの図形プロパティを追加することができる

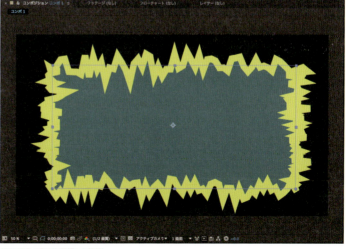

[パスのウィグル]を選択した状態

084　平面や図形を加える

長方形を加える

長方形の図形を使う場合は、シェイプツールの[長方形ツール]で長方形を描画します。描画後にプロパティで塗りや線の設定、形状などを変更することができます。プロパティは長方形全体、線、塗り、トランスフォーム、と細かく分かれているのでキーフレームを使って複雑に変化するアニメーションを作成することもできます。

▶▶方法1　シェイプツールで長方形を描画する

▶▶方法1　シェイプツールで長方形を描画する

01　[長方形ツール]で描画する

[長方形ツール]を選んでコンポジションパネルに長方形を描画します。この時shiftキーを押しながらドラッグすると正方形が描画できます。

シェイプツールの[長方形ツール]を選ぶ

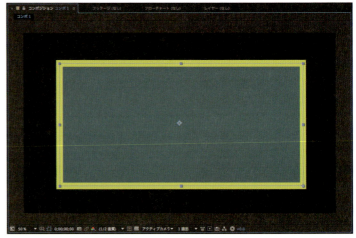

長方形を描画する

02 線や塗りの色や不透明度などを変える

塗りや線の設定をして描画をおこないますが、描画後にプロパティを使ってより細かい設定をすることができます。まず[線]プロパティでは線の色、不透明度、線幅、が設定でき、[線の結合]プロパティで線のコーナー部分を丸めることもできます。[塗り]プロパティでは塗りの色や不透明度などを設定します。[不透明度]を[0]にすると線だけの長方形になります。プロパティにキーフレームを設ければこれらの設定が変化するアニメーションが作成できます。

長方形のプロパティで線や塗りを変える

03 角丸の長方形にする

[長方形パス]の[角丸の半径]プロパティの数値を上げると長方形の角が丸くなります。変化の度合いを見ながら数値を変更する場合は数字の上をドラッグします。

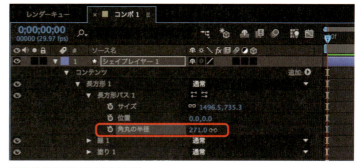

[長方形パス]の[角丸の半径]プロパティで長方形の角を丸くする

角丸の長方形になる

04 長方形を歪める

[トランスフォーム:長方形]の[歪曲]プロパティの値を上げると長方形が水平方向に歪みます。[歪曲軸]を「90°」にすると垂直方向に歪みます。

[トランスフォーム:長方形]の[歪曲]で長方形を歪める

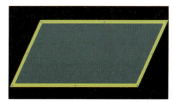

長方形が歪む

085　平面や図形を加える

円を加える

円を作成する方法は、シェイプツールの[楕円形ツール]で円を描画する方法と、平面に[円]エフェクトあるいは[楕円]エフェクトを適用して円に変形させる方法の3種類があります。エフェクトで円を描画する利点は円自体の設定とぼかしの設定がエフェクト内のプロパティだけでおこなえるところにあります。

▶▶方法1　シェイプツールで円を描画する
▶▶方法2　[円]エフェクトで正円を作成する
▶▶方法3　[楕円]エフェクトで楕円を作成する

▶▶方法1　シェイプツールで円を描画する

01　[楕円形ツール]で描画する

[楕円形ツール]を選んでコンポジションパネルに円を描画します。この時shiftキーを押しながらドラッグすると正円が描画できます。シェイプツールの基本的な操作方法は「083:図形を加える」で説明しているのでそちらを参照してください。

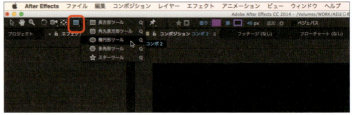
シェイプツールの[楕円形ツール]を選ぶ

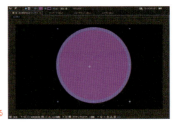
円を描画する

02　円の設定を変える

描画後に[楕円形]プロパティでより細かい設定をすることができます。線や塗りの設定はもちろん、[サイズ]の鎖マークをクリックして縦横比の固定を外して値を変えることで正円を楕円にすることもできます。

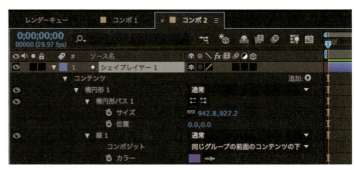
円のプロパティで線や塗りを変える

228

▶▶方法2　[円]エフェクトで正円を作成する

01　新規平面を作成する

レイヤーメニューの[新規]から[平面]を選び、[平面設定]ダイアログボックスで平面の設定をおこないます。平面の色は[円]エフェクトを適用すると無視されるので何色でもかまいません。サイズをコンポジションサイズに合わせて[OK]をクリックします。

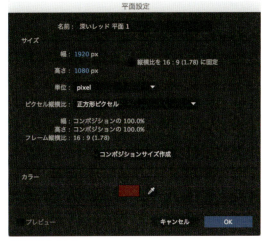

新規平面を作成する

02　平面に[円]エフェクトを適用する

平面を選択した状態で、エフェクトメニューもしくはエフェクト&プリセットパネルの[描画]から[円]を選んで適用します。[円]エフェクトが適用されると平面が透明になり、中央に白い正円が描画されます。

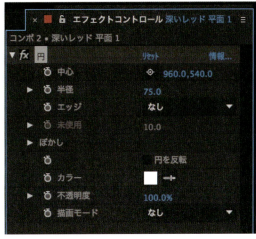

平面に[円]エフェクトを適用する

平面が透明になり白い円が描画される

229

03 円の形状を設定する

エフェクトプロパティには半径や色、不透明度といった基本的な設定があります。その中で[エッジ]プロパティはエッジの種類によりその下のプロパティが変わり、様々な種類の円にすることができます。例えば、[なし]は単純な円ですが、[エッジの半径]にすると下にプロパティが加わり、値を上げると円が中心からくり抜かれていきます。[太さ]にすると円が自動的に線で描かれた円になり、下のプロパティが[太さ]に変わって線の太さを設定できるようになります。

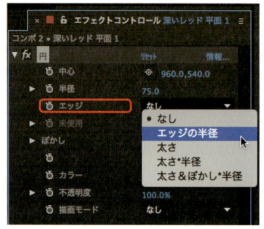

[エッジ]プロパティで円とエッジの関係を設定する

[エッジ]プロパティの設定で様々な種類の円が描画できる

04 円をぼかす

[ぼかし]には[エッジの外側のぼかし]と[エッジの内側のぼかし]の2つのプロパティがあり、円の外側と内側を個別にぼかすことができます。

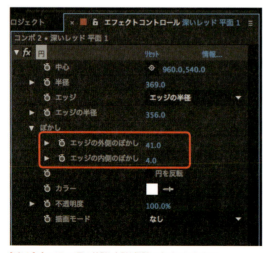

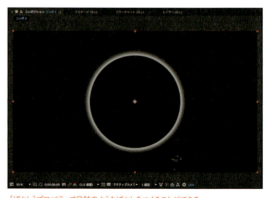

[ぼかし]プロパティで円の外側と内側を個別にぼかすことができる

[ぼかし]プロパティで日蝕のようなぼかしをつくることができる

▶▶方法3　[楕円]エフェクトで楕円を作成する

01　平面に[楕円]エフェクトを適用する

新規平面を作成し、平面を選択した状態で、エフェクトメニューもしくはエフェクト&プリセットパネルの[描画]から[楕円]を選んで適用します。[楕円]エフェクトが適用されると平面が透明になり、中央に線で描かれた円が描画されます。

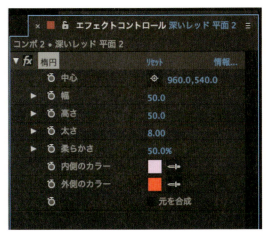

平面に[楕円]エフェクトを適用する

平面が透明になり線で描かれた円が描画される

02　光の帯を設定する

円のサイズは[幅]と[高さ]プロパティで縦と横を個別に設定します。[楕円]エフェクトで描画される円は発光する帯のような円で、帯の太さと柔らかさの他に[内側のカラー]と[外側のカラー]で光の色を設定することができます。

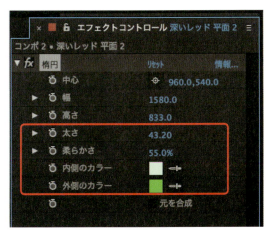

線の太さや柔らかさ、色などを設定する

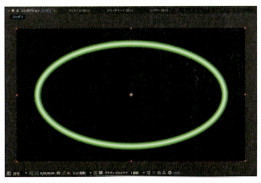

光の輪が作成される

231

086 平面や図形を加える

星形の図形を加える

シェイプツールで星形を描画できますが、この図形の特徴はその後の形状の変更方法にあります。星形の設定を変更して三角形にすることもできます。他の図形にも対応するプロパティも多く含まれているので、個々のプロパティを設定結果と合わせて説明します。

▶▶方法1　シェイプツールで星形を描画する

▶▶方法1　シェイプツールで星形を描画する

01　[スタ－ツール]で描画する

[スタ－ツール]を選んでコンポジションパネルに星形を描画します。ドラッグの状態により星形が回転し、shiftキーを押しながらドラッグすると回転せずに描画できます。

シェイプツールの[スタ－ツール]を選ぶ

星形を描画する

02 頂点の数を変える

タイムラインでシェイプツールのプロパティを開きます。線や塗りのプロパティは他の図形と同じですが、星形図形で特徴的なのが[多角形パス]プロパティです。まず[頂点の数]の値を変更してみましょう。そうすると頂点の数が増減して星の形状が変わります。

[頂点の数]で星の頂点の数を変更する

星の頂点の数が変わる

03 頂点の高さを変える

[内半径]で内部の頂点の広がりが変化し、[外半径]で外の頂点の広がりが変化します。星を尖らせたい場合は[内半径]の値を小さくするか[外半径]の値を大きくします。

[内半径]と[外半径]で星の頂点の広がりを設定する

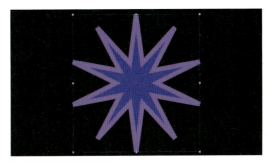

星の頂点の尖り具合が変化する

233

04 エッジに丸みをつける

[内側の丸み]で内部の頂点に丸みがつき、[外側の丸み]で外の頂点に丸みがつきます。頂点が丸くなることで柔らかい雰囲気の星形になります。

星の頂点に丸みがついて柔らかい星形になる

[内側の丸み]と[外側の丸み]で星の頂点の丸みを設定する

05 多角形に変更する

星形を初期状態に戻して形状を多角形に変更してみましょう。[種類]のプルダウンメニューで[多角形]を選ぶと頂点の数の同じ多角形になります。形状が多角形になるとプロパティも変化します。例えば星形の時にあった[内側の丸み]は無くなり、[外側の丸み]だけになります。

星形が頂点の数の同じ多角形になる

[種類]を[多角形]にする

06 角の数を変更する

[頂点の数]を変更すると例えば三角形に変形させることもできます。この形状とここまで説明したプロパティの設定を組み合わせることでさらに新しい形状にすることができます。

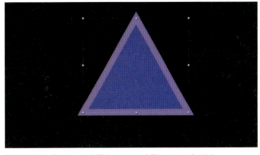

[頂点の数]を変更すると三角形などにすることができる

星形を描画しプロパティを変更することで三角形にすることもできる

07 角を丸めて歪ませる

[外側の丸み]の値で三角形の頂点を丸くできるだけでなく、値をマイナスにすることで内側に丸めて形状を歪めることもできます。

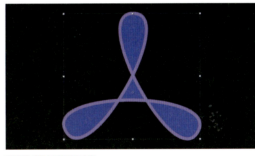

[外側の丸み]の値で角を内側に丸めることもできる

三角形が歪んだ形状になる

235

好きな形の図形を加える

087　平面や図形を加える

ペンツールを使うとベジェ曲線と呼ばれる曲線で自由に図形を描画することができます。ここではベジェ曲線で図形を描画する方法を説明します。線や塗りの設定方法は他のツールと同じなのでそちらを参照してください。ペンツールは複雑な形状のマスクで素材の一部を切り取る作業でも使用するのでぜひ使い方を覚えてください。

▶▶方法1　ペンツールで線を描画する
▶▶方法2　ペンツールで図形を描画する

▶▶方法1　ペンツールで線を描画する

01　[ペンツール] でコンポジションパネルをドラッグする

[ペンツール]を選びます。次にコンポジションパネルの任意の場所をドラッグします。ここでは画面左で上方向にドラッグしました。ドラッグするとドラッグ開始点から上下にハンドルが伸びます。適当な位置でドラッグをやめます。

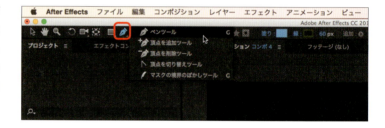

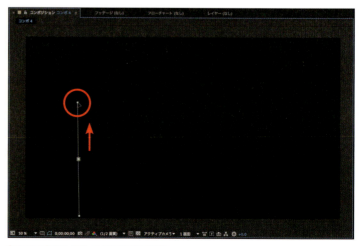

[ペンツール]でコンポジションパネルをドラッグする

02 もう1点でドラッグする

続いてもう1点をドラッグします。ここでは画面右で下方向にドラッグしました。すると、ドラッグの開始点が曲線で結ばれ、その間の空間に色が塗られます。

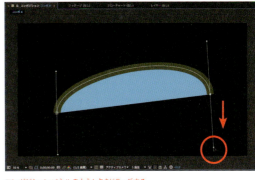

コンポジションパネルのもう1点をドラッグする

03 ［塗り］を透明にする

［塗り］の文字をクリックして［塗りオプション］ダイアログボックスを表示し、塗りを透明にして［OK］をクリックします。曲線の間の空間が透明になり曲線だけが表示されます。

［塗り］オプションで塗りを透明にする

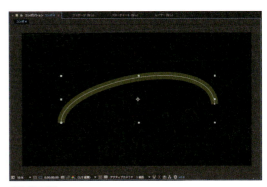

曲線だけになる

04 頂点を追加する

［ペンツール］のまま曲線上にポインタを持っていくとペンマークのポインタに［+］が追加表示されます。その状態でクリックするとその場所に頂点が追加されます。

曲線上でポインタが変化する

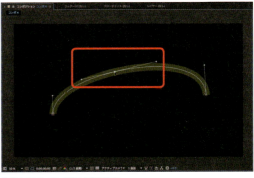

曲線上をクリックして頂点を追加する

05 頂点やハンドルをドラッグして曲線を変形させる

頂点から伸びたハンドルの上にポインタを持っていくとポインタが変化するので、その状態でポインタをドラッグすると曲線が変化します。ハンドルの向きが曲線の向きで、ハンドルの長さが曲線への影響度合いです。変化の具合を見ながらドラッグして感覚をつかんでください。また、頂点自体もドラッグにより移動することができます。

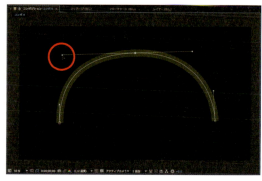

ハンドルをドラッグすると曲線が変化する

06 曲線図形を扱う

曲線の調整が終わったら［選択ツール］に戻してコンポジションパネルの余白部分をクリックして曲線の描画を終了します。描画した曲線は他の図形と同じ操作で移動や拡大／縮小、回転ができます。

［選択ツール］に戻す

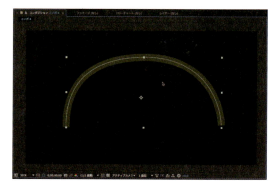

描画した曲線は他の図形と同じように扱える

07 曲線の形状を変更するためにダブルクリックする

曲線の形状を変更する時は、まず曲線をダブルクリックします。すると曲線のパスが点線で囲まれ、頂点が表示されます。

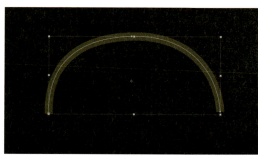

曲線をダブルクリックすると頂点が表示される

08 頂点をクリックして形状を変更する

頂点の上にポインタを持っていくとポインタが変化するので、その状態でクリックするとハンドルが表示されます。描画した時と同じ操作でハンドルをドラッグして曲線を変化させます。

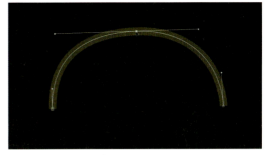

頂点をクリックしてハンドルを表示する

09 ［頂点を切り替えツール］で曲線を直線にする

曲線の頂点を直線にする場合は、［頂点を切り替えツール］を選んで頂点をクリックします。すると頂点のハンドルが消えます。すべての頂点をクリックしてハンドルを消去すると曲線から直線になります。直線になった頂点を［頂点を切り替えツール］でドラッグすると再びハンドルが現れます。

［頂点を切り替えツール］を選ぶ

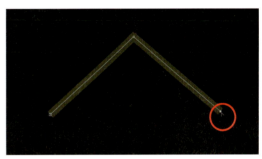

頂点をクリックするとハンドルが消えて直線になる

10 線の端の形状を変更する

線の端の形状を変えてみましょう。タイムラインの［シェイプレイヤー］の左にある三角マークをクリックしてプロパティを表示し、［線］プロパティの［線端］を［丸型］にします。そうすると、線の端が丸になります。

［線端］プロパティを［丸型］にする

線の端が丸になる

11 頂点の形状を変更する

[線の結合]プロパティを[ラウンド]にすると頂点の角が丸くなります。細かい設定ですが、この設定で図形の印象は大きく変わります。

[線の結合]プロパティを[ラウンド]にする

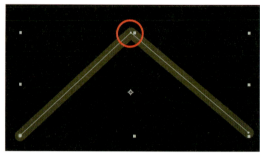

頂点の角が丸くなる

12 線を破線にする

[破線]プロパティの[+]をクリックすると[線分]と[オフセット]というプロパティが追加され、さらに[+]をクリックすると[間隔]プロパティが追加されます。この[線分]と[間隔]の値で線を点線にすることができます。

[破線]プロパティで点線の間隔や線分の長さを設定する

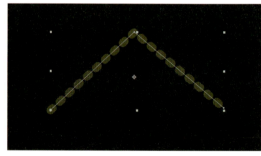

線が点線になる

▶▶方法2　ペンツールで図形を描画する

01　ペンツールで頂点をクリックしていく

[ペンツール]でコンポジションパネルをクリックして頂点を増やしていきます。

[ペンツール]を選択する

コンポジションパネルをクリックしていく

02　線を閉じて図形にする

最初のクリック点にポインタを持っていくとペンマークのポインタに[○]マークが追加表示されます。この状態でクリックすると線が閉じて図形が完成します。

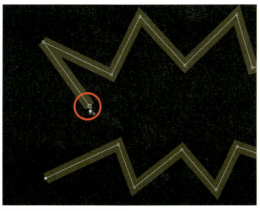

最初のクリック点でポインタが変化する

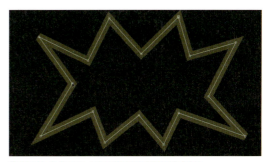

最初のクリック点でクリックすると線が閉じて図形が完成する

03 [頂点を切り替えツール]で頂点を曲線にする

図形の変形は頂点を移動するかハンドルを使用します。頂点にハンドルを追加する場合は[頂点を切り替えツール]を選択して頂点をドラッグします。

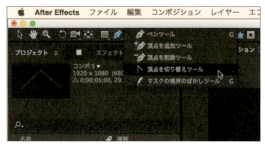
[頂点を切り替えツール]を選択する

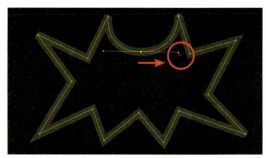
頂点をドラッグしてハンドルを表示する

04 [頂点を削除ツール]で頂点を削除する

頂点を削除する場合は[頂点を削除ツール]を選択して、削除したい頂点をクリックします。

[頂点を削除ツール]を選択する

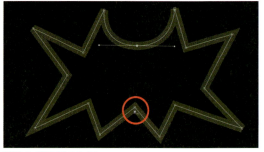
削除したい頂点をクリックする

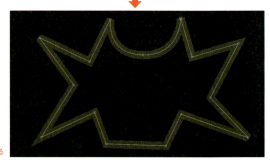
クリックした頂点が削除される

05 [塗り]の設定をする

最後に図形に塗りを設定しましょう。[塗り]の文字部分をクリックして[塗りオプション]ダイアログボックスを表示し、図形の塗りの設定をします。この設定で[ペンツール]で描画した自由形状の図形を単色やグラデーションで塗りつぶすことができます。

[塗りオプション]ダイアログボックスで図形の塗りを設定する

図形が指定した色で塗りつぶされる

088 平面や図形を加える

文字を図形にする

テキストを図形に変換することができます。After Effectsではテキストの扱いの自由度が高く図形にするメリットは少ないように思えますが、変形してオリジナルロゴにしたり、線を破線にしたり揺らすといったシェイプ用のプロパティを使用したい時など、用途によっては効果のある機能です。ここではテキストから作成した図形を変形させてオリジナルタイトルにしてみましょう。

▶▶方法1　テキストからシェイプを作成する

▶▶方法1　テキストからシェイプを作成する

01　テキストを入力する

フォントを設定してテキストを入力します。色やサイズなどは図形にしてからも設定できるので、ここではフォントだけ選んでおけば良いでしょう。

フォントを設定してテキストを入力する

02　テキストからシェイプを作成する

入力したテキストを選択し、レイヤーメニューもしくはテキストの右クリックメニューの[テキストからシェイプを作成]を選びます。

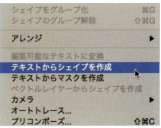

メニューから[テキストからシェイプを作成する]を選ぶ

03 シェイプが作成される

タイムラインに[（入力した文字）アウトライン]という名称のシェイプレイヤーが追加されます。元のテキストは非表示になるだけでまだ存在しているので、テキスト内容を変更する時はこのテキストを使用します。

テキストから図形が作成される

04 図形の塗りや線を設定する

図形になったテキストの塗りや線の設定をおこないます。テキスト入力時に設定した塗りや線の色はそのまま図形に反映されますが、今後図形として扱うために図形状態で設定をしておいた方が良いでしょう。

図形になったテキストの塗りや線の設定をする

05 変形する文字を選択する

テキストを図形にするメリットの1つ、変形してオリジナルタイトルを作成してみましょう。まず、変形させたいテキスト図形の一文字をダブルクリックします。そうすると一文字だけが選択されて変形ハンドルと図形の頂点のポイントが表示されます。

変形させたい一文字をダブルクリックしてハンドルと頂点を表示する

06 頂点をドラッグして変形する

頂点をドラッグしてテキスト図形を変形させ、オリジナルタイトルを作成します。

頂点をドラッグする

一文字を選択してドラッグする操作を繰り返してオリジナルタイトルを作成する

07 オリジナルタイトル用に使えるプロパティ

シェイプレイヤーの[コンテンツ]プロパティ右にある[追加]メニューで図形用のプロパティを追加することができます。この中には[パスを結合][角を丸くする][パスのウィグル][ジグザグ]といったフォントだけでは表現の難しいオリジナルの文字を作成するためのプロパティが多く含まれています。ぜひ試してください。

[追加]で図形用の特殊なプロパティを追加することができる

089 平面や図形を加える

グラデーションの平面をつくる

グラデーションの平面をつくる方法は2種類あります。1つはシェイプツールで図形を描画して塗りをグラデーションにする方法。もう1つは新規平面を作成してグラデーションエフェクトを適用する方法。グラデーションエフェクトは2種類あり、[4色グラデーション]エフェクトでは4色を使った複雑なグラデーションもつくれます。

▶▶方法1　シェイプツールで長方形を描く
▶▶方法2　[グラデーション]エフェクトで作成する
▶▶方法3　[4色グラデーション]エフェクトで作成する

▶▶方法1　シェイプツールで長方形を描く

01 [長方形ツール]で長方形を描画する

[長方形ツール]を選んで長方形を描画します。画面サイズのグラデーションを作成したい場合は画面いっぱいに長方形を描きます。

[長方形ツール]を選ぶ

目的となるサイズの長方形を描画する

02 長方形の塗りをグラデーションにする

[塗り]の文字をクリックして[塗りオプション]ダイアログボックスを表示します。塗りを[線形グラデーション]か[円形グラデーション]にして[OK]をクリックします。

[塗りオプション]ダイアログボックスで塗りをグラデーションにする

246

03 グラデーションの色を設定する

[塗り]のカラー部分をクリックして[グラデーションエディター]を表示します。塗りをグラデーションにしている場合はここでグラデーションの設定ができます。グラデーションの帯に指定した色のグラデーションが表示されるので、まず帯左右の下にある[カラー分岐点]のポイントをクリックして選択し、カラーピッカーで色を指定します。画面に表示されている他の素材などから色を指定する場合はカラーピッカーの右にある[スポイトツール]をクリックし、画面上の任意の場所をクリックしてその場所の色を指定します。

[グラデーションエディター]でグラデーションの色を指定する

04 グラデーションの透明度を設定する

グラデーション帯左右の上にあるポイントは[不透明度の分岐点]で、選択して不透明度の数値を指定します。透明になるほどポイントの色が白くなっていきます。これを使うと指定した色から透明へのグラデーションが作成できます。例えば左右の[カラー分岐点]を黒にして一方の[不透明度の分岐点]の不透明度を[0]にすると黒から透明へのグラデーションになります。

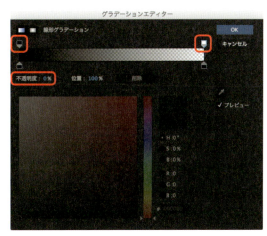

[不透明度の分岐点]で透明へのグラデーションも設定できる

05 2色の割合を設定する

グラデーション帯の[カラー分岐点]をドラッグすると2つの色の範囲が変わります。また、2色の中間地点に四角のポイントがありますがこれがグラデーションの中間地点で、これをドラッグして色の範囲を変えることもできます。一方の色の範囲を広くしたい場合などは、これらの方法で範囲を変えます。

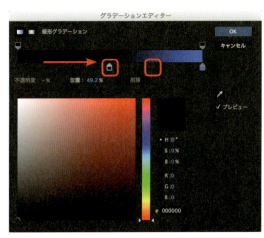

[カラー分岐点]か[カラー中間点]をドラッグして2色の割合を設定する

247

06 グラデーションの色を追加する

グラデーションに色を追加する場合は帯の中間地点をクリックします。そうすると新たな[カラー分岐点]が追加されるので色を指定します。削除する場合は[カラー分岐点]を選択して[削除]をクリックするか帯の下にドラッグします。色の指定が終わったら[OK]をクリックして[グラデーションエディター]ダイアログボックスを閉じます。

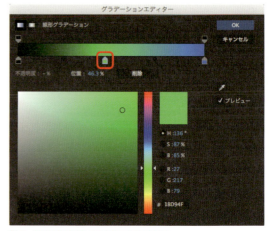

[カラー分岐点]を追加して色を増やすこともできる

07 グラデーションの方向を指定する

[選択ツール]に戻してコンポジションパネルの図形をダブルクリックすると中央部にハンドルが表示されます。これはグラデーション範囲を指定するためのハンドルです。ハンドルの一方をドラッグして回転させるとグラデーションの方向が変わります。

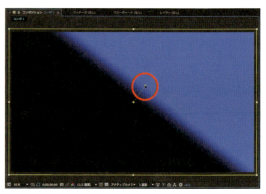

ハンドルを回転させてグラデーションの方向を変更する

08 グラデーションの範囲を指定する

ドラッグしてハンドル同士の距離を離すとグラデーションの範囲が広がります。

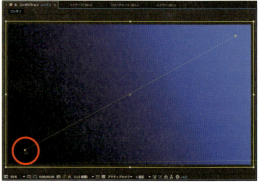

ハンドル同士の距離を離すとグラデーションの範囲が広がる

▶▶方法2　[グラデーション] エフェクトで作成する

01　新規平面を作成する

レイヤーメニューの[新規]から[平面]を選んで新規平面を作成します。これから適用するグラデーションエフェクトはどちらも平面の色に関係なく描画されるので平面の色は何色でもかまいません。

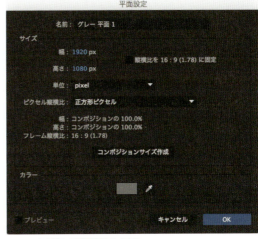

エフェクトを適用する新規平面を作成する

02　[グラデーション] エフェクトを適用する

平面を選択した状態で、エフェクトメニューもしくはエフェクト&プリセットパネルの[描画]から[グラデーション]を選んで適用します。適用すると平面が白黒の線形グラデーションになります。

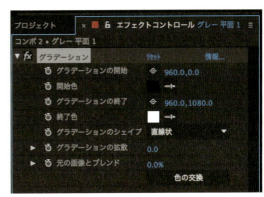

平面に[グラデーション]エフェクトを適用する

初期状態では白黒のグラデーションになる

03 グラデーションの種類や色を設定する

エフェクトコントロールパネルにある[グラデーション]エフェクトのプロパティでグラデーションの種類を[直線状]か[放射状]で選びます。次にグラデーションの色とその色の開始点を指定します。色の開始点は座標でも指定できますが、簡単な方法は[グラデーションの開始]あるいは[グラデーションの終了]プロパティのポイントマークをクリックし、コンポジションパネルで色の開始地点をクリックする方法です。

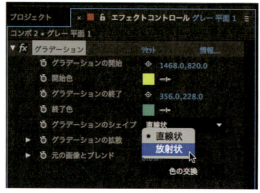

プロパティでグラデーションの種類や色などを設定する

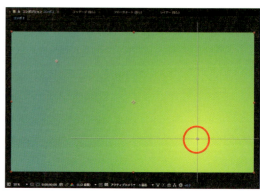

グラデーションの開始と終了点をクリックして指定する

▶▶方法3 [4色グラデーション]エフェクトで作成する

01 [4色グラデーション]エフェクトを適用する

もう1つのグラデーションエフェクトを操作してみましょう。平面を選択した状態で、エフェクトメニューもしくはエフェクト&プリセットパネルの[描画]から[4色グラデーション]を選んで適用します。適用すると平面が4色のカラフルなグラデーションになります。

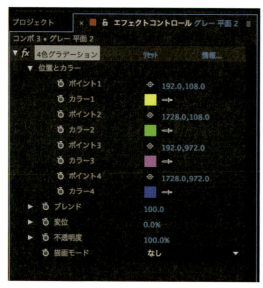

平面に[4色グラデーション]エフェクトを適用する

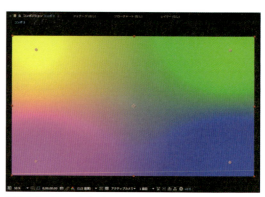

平面が4色のカラフルなグラデーションになる

02 | 4色の色と開始ポイントを指定する

エフェクトコントロールパネルにある［4色グラデーション］エフェクトのプロパティで4つの色と開始点を指定します。色の開始点は［グラデーション］エフェクトと同様、座標の数値で指定するかコンポジションパネルでポイントをクリックして指定します。4色の混合具合は［ブレンド］の数値で設定します。

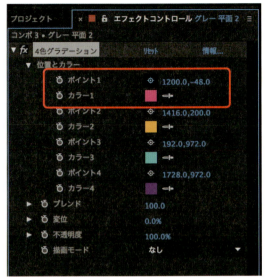

4つの色と開始点を指定する

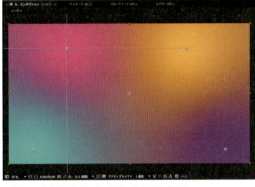

4色と開始点を指定して複雑なグラデーションが作成する

03 | 4色のブレンド具合を設定する

［ブレンド］プロパティで4色のブレンド具合を設定できます。元の4色が分かるようなグラデーションから、4色が曖昧に混じり合ったグラデーションまで作成することができます。

［ブレンド］プロパティで4色の混合具合を設定する

複数の色がぼんやりと混じり合ったグラデーションも作成できる

251

090 平面や図形を加える

手描きの図形をつくる

ブラシツールを使えば手描きの図形を描くことができます。タブレットを使うと筆圧に応じて線の太さを変えるなどの設定ができるのでリアルな手描きの図形になります。描き終わった図形は線の太さや色、ストロークなどが変更でき、描いた順にアニメートさせることも可能です。

▶▶方法1　ブラシツールで図形を描く

1:ブラシツールで図形を描く

01 新規平面を作成する

レイヤーメニューの[新規]から[平面]を選んで新規平面を作成します。背景込みで図形を編集に使用する場合は背景にしたい色を平面の色に設定します。図形を他の素材に合成する場合は平面を透過するので何色でもかまいません。ブラシツールはコンポジションパネルには描画できません。タイムラインに配置された平面をダブルクリックして平面をレイヤーパネルで開き、ここに描画します。コンポジションパネルがタイムラインに配置された編集結果を表示するのに対し、レイヤーパネルは選んだ素材単体を表示します。

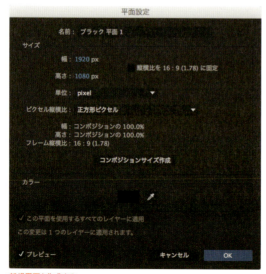
新規平面を作成する

平面をレイヤーパネルで開く

02 ブラシの設定をする

ブラシツールを選ぶと、ブラシパネルがアクティブになるので、ここでブラシの種類、大きさ、筆圧などを設定します。次にペイントパネルでブラシの色を指定します。ブラシの色は描画後でも変えられるので、ここでは描きやすい色を選択すると良いでしょう。

ブラシツールを選ぶ

ブラシパネルでブラシの種類と大きさ設定をする

ペイントパネルでブラシの色を指定をする

03 ブラシツールで図形を描画する

ブラシツールでレイヤーパネルに図形を描画します。タブレットを使うと筆圧に応じた太さのラインを描くことができます。

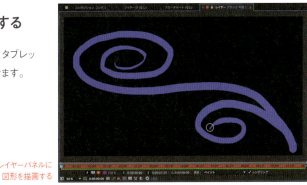

ブラシツールでレイヤーパネルに図形を描画する

04 コンポジションパネルに切り替える

描画が終わったらコンポジションパネルのタブをクリックして表示させます。そうすると今描画した図形がこちらにも表示されています。後はこの図形を他の素材と一緒に編集に使用していきます。

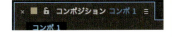

コンポジションパネルに切り替えるとここにも図形が表示されている

253

2:手描き図形をコントロールする

01 図形の背景を透過する

手描きの図形を他の素材に合成させる場合は平面を透明にして描画図形だけを表示させます。方法は2種類あります。1つはエフェクトコントロールパネルのプロパティで[透明上にペイント]にチェックを入れる方法。もう1つはタイムラインの平面プロパティで[透明上にペイント]プロパティの右にある[オフ]をクリックして[オン]にする方法です。平面を透明にすると描画した図形だけが表示され、他の素材に合成されます。

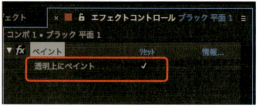

エフェクトコントロールパネルで[透明上にペイント]にチェックを入れる

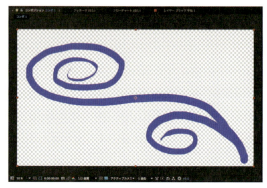

平面が透過され、描画した図形だけが表示される

02 線の色を変える

線の色を変更する場合はタイムラインのプロパティでおこないます。まず平面の[エフェクト]にある三角マークをクリックしてプロパティを開いていきます。[ペイント]を開いて表示される[ブラシ]プロパティが描画した線を設定するプロパティです。レイヤーパネルで何本も線を描いた場合はその線の本数だけ[ブラシ]プロパティが存在します。[ブラシ]の中にある[ストローク]プロパティの[カラー]で色を変更するとその[ブラシ]の線の色が変わります。描いた線の本数分[ブラシ]プロパティが存在するので、すべての線を違う色にすることも可能です。

[ストローク]の[カラー]で線の色を変更する

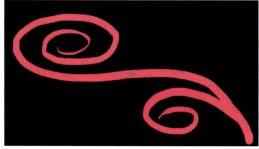

図形の線の色が変わる

03 線の太さを変える

[直径]プロパティの値を変えると線の太さが変わります。タブレットの筆圧による太さの差を保ったまま全体の太さが変化します。

筆圧を使った線では太さの差を保ったまま全体の太さが変化する

[直径]の値を変えると線の太さが変わる

04 描画の終了点を変更する

[終了]プロパティの値を下げると図形の描き終わり点が描き始め点に向かってさかのぼっていきます。同様に[開始]プロパティの値を上げると描き始め点が描き終わり点に向かって進んでいきます。

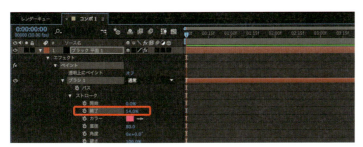

[終了]の値を下げると描き終わり点がさかのぼっていく

[終了]の値で描き終わり地点を変える

05 描き順にアニメートさせる

[終了]プロパティにキーフレームを設定して値を「0」から「100」に変化させます。そうすると図形が描画した通りに現れていきます。この機能を使うと、手描き文字が描き順通りに現れる、といったアニメーションが作成できます。

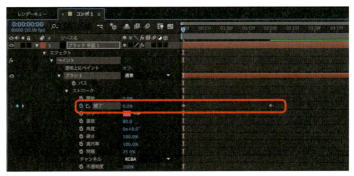

[終了]にキーフレームを設定して値を「0」から「100」に変化させる

図形が描いた通りに現れる

091　平面や図形を加える

図形に厚みをつける

コンポジションの3Dレンダラーを[レイトレース3D]にすると図形や文字に厚みをつけることができるようになります。エッジ部分の角を落とす[ベベル]など立体図形を形成する機能も充実しているので、編集素材として立体図形を使うことができます。ここでは角丸長方形のシェイプを描画してそれを立体化してみます。

▶▶方法1　3Dレイヤー化する

▶▶方法1　3Dレイヤー化する

01　シェイプツールで図形を作成する

レイヤーメニューの[新規]から[シェイプレイヤー]を選んで新規シェイプレイヤーを作成します。次に角丸長方形ツールを選んでコンポジションパネルで角丸の長方形を描画します。長方形の塗りや線の設定方法は「083:図形を加える」を参照してください。

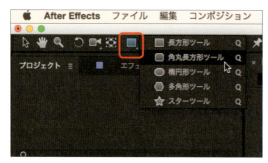

角丸長方形ツールを選ぶ

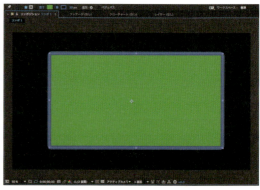

角丸長方形を描画する

02　シェイプレイヤーを3Dレイヤーにする

タイムラインでシェイプレイヤーの[3Dレイヤー]にチェックを入れて3Dレイヤーにします。

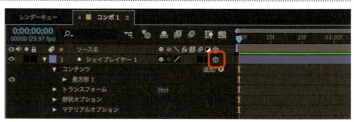

シェイプレイヤーの[3D]にチェックを入れて3Dレイヤーにする

そうすると、コンポジションパネルの右上に[レンダラー]の項目が現れ、図形を選択すると中央に3Dのハンドルが表示されます。

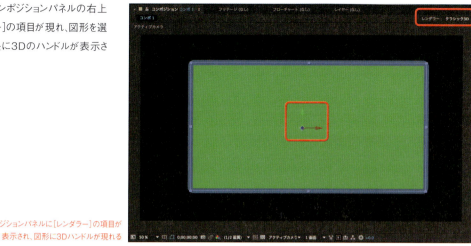

コンポジションパネルに[レンダラー]の項目が表示され、図形に3Dハンドルが現れる

03 図形を回転させる

今後の変化が分かるように図形を少し回転させておきましょう。まず回転ツールを選びます。次に、図形の3Dハンドルの緑色の軸の上にポインタを持っていくとポインタに[Y]の表示が追加で現れます。その状態でドラッグすると図形が[Y]軸を中心に回転します。回転させると、図形にまだ厚みがついていないことが分かります。

回転ツールを選ぶ

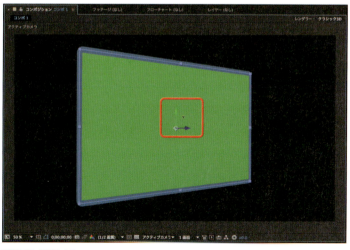

図形を横に回転させる

04 コンポジションの[レンダラー]を選ぶ

コンポジションパネルの右上にある[レンダラー]の[クラシック3D]をクリックしてコンポジション設定ダイアログボックスを表示します。ダイアログボックスの[レンダラー]で3Dのレンダリング方法(レンダラー)を選ぶことができます。各レンダラーによる効果は選択するとリストで表示されます。[CINEMA 4D]はビデオカードに依存せずほとんどのPCで使用できるので、ここでは[CINEMA 4D]を選びました。

[レンダラー]の[クラシック3D]をクリックする

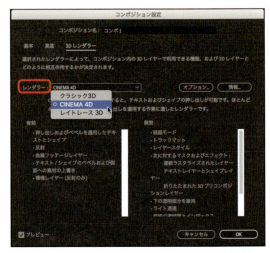

コンポジション設定ダイアログボックスの[レンダラー]でレンダリング方法を選ぶ

05 図形を押し出して厚みをつける

タイムラインでシェイプレイヤーの[形状オプション]プロパティを開きます。その中にある[押し出す深さ]プロパティの値を上げると図形が押し出されて厚みがつきます。

[押し出す深さ]の値を上げて図形を押し出す

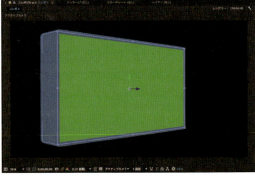

図形が押し出されて厚みがつく

06　ライトを追加する

図形をライトで照らします。まずレイヤーメニューの[新規]から[ライト]を選んで追加するライトの設定をおこないます。ここでは画面全体にライトを当てたいので[ライトの種類]を[平行]にし、ライトの色を白にしました。設定が終わったら[OK]をクリックします。タイムラインにライトが追加され、ライトの影響を受けて図形に陰影がつきます。

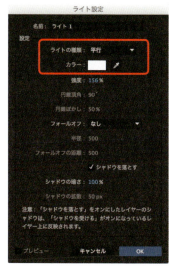

ライトを新規作成して[ライトの種類]を[平行]にする

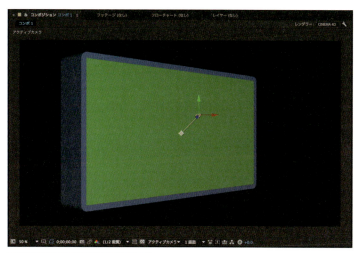

ライトの影響を受けて立体図形に陰影がつく

07　ベベルを設定する

立体図形の角を落としてみましょう。図形の[形状オプション]プロパティの中にある[ベベルのスタイル]で角の形状を選びます。用意されているのは[角型][凹型][凸型]の3種類です。ここではベーシックな[角型]にしました。続いて[ベベルの深さ]の値を上げて角を落とす深さを設定します。そうすると立体図形の角が[ベベルのスタイル]で指定した形で落とされます。

[ベベルのスタイル]を設定して[ベベルの深さ]の値を上げる

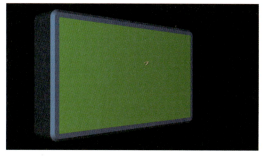

[ベベルのスタイル]で指定した形で立体図形の角が落とされる

092 素材を合成する

表示方法で合成する

タイムラインに配置した素材には「描画モード」と呼ばれる表示方法を設定できます。これは素材をどのような計算で表示するかを決めるもので、例えば下に配置した素材に対して色を足すように表示するのか、明るさを足すように表示するのか、などの設定ができます。光や炎のエフェクト画像を合成したり複数の映像の混ざり合ったイメージ映像を作る時に有効な方法です。

▶▶方法1 描画モードを設定する

▶▶方法1 描画モードを設定する

01 背景の素材を配置する

まず合成の背景となる素材をタイムラインに配置します。これからこの素材に他の素材を描画モードで合成していきます。

合成の背景となる素材をタイムラインに配置する

この画像に他の素材を描画モードで合成する

02 光エフェクトの素材を配置する

光エフェクトの素材をタイムラインに配置します。これは黒い背景にエフェクトがかかった画像で、配置しただけの状態では下の背景素材を隠します。この素材を描画モードで合成します。

タイムラインに光エフェクトの素材を配置する

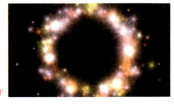

そのままの状態では下の素材を隠す

03 描画モードを[スクリーン]にして合成する

タイムラインの素材名称の右にある[モード]が描画モードです。初期状態は[通常]になっているのでプルダウンメニューで描画モードを選びます。まずは[スクリーン]にしてみましょう。そうすると合成素材の暗い部分が透過されて背景素材に合成されます。これは文字通り背景素材をスクリーンにしてそこに合成素材をプロジェクタで投影したような状態です。

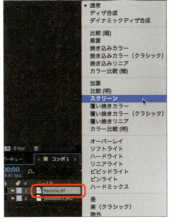

背景素材に合成素材をスクリーン投影したような状態になる

合成素材の描画モードを[スクリーン]にする

04 描画モードを[加算]にして合成する

今度は合成素材に計算を加えて合成してみましょう。描画モードの[加算]は背景素材に対して合成素材の明るさを足す表示方法です。ですので背景と素材の両方が明るい部分は白く飛び、暗い部分には何の変化も起こりません。光を強調して合成する場合などに有効な描画モードです。

合成素材の描画モードを[加算]にする

背景素材の明るさに合成素材の明るさを足して表示される

05 描画モードを[乗算]にして合成する

今度は背景の明るい素材を描画モードで合成してみましょう。合成素材をタイムラインに配置して描画モードを[乗算]にします。そうすると背景素材に合成素材の色成分が足されて表示されます。合成素材の明るい部分は何の変化もありませんが、色の付いている部分が背景素材に合成されます。

この素材を描画モードで合成する

背景素材に合成素材の色成分を足して表示される

合成素材の描画モードを[乗算]にする

261

093 素材を合成する

素材の一部を切り取る

素材の一部を切り取って他の素材と合成する方法はいくつかありますが、大きく分けて色で切り取る方法と形状で切り取る方法の2種類があります。形状で切り取る方法は切り取るオブジェクトの形状を描画あるいは自動検出してマスクと呼ばれる合成用画像を作成します。ここではマスクを作成して素材の一部を切り取る2通りの方法を説明します。

- ▶▶方法1　マスクを作成する
- ▶▶方法2　ロトブラシを使う

▶▶方法1　マスクを作成する

01　切り取る素材を配置する

マスクで素材の一部を切り取る方法を説明します。まず切り取る素材をタイムラインに配置します。この素材にマスクを作成して一部を切り取ります。

マスクで一部を切り取る素材を配置する

02　ペンツールでマスクの形状をクリックしていく

ペンツールを選び、コンポジションパネルで切り取りたい部分のエッジをクリックしていきます。切り取りたい部分が曲線の場合はペンツールをドラッグし、ハンドルを表示して形状を形成していきます。ペンツールの操作方法は「087:好きな形の図形を加える」を参照してください。

ペンツールを選択する

切り取りたい部分のエッジをクリックしていく

03 図形を閉じてマスクを完成させる

切り取りたい部分を囲んでいき、最後に一番最初のクリックポイントを再度クリックします。図形が閉じてマスクが形成され、マスク以外の部分に背景が表示されます。ここではコンポジションの背景を黒にしていたのでマスク以外の部分が黒くなります。

クリックの開始点を再度クリックしてマスクを完成させる

04 マスクを操作する

タイムラインで素材の三角マークをクリックしてプロパティを開くと[マスク]プロパティが追加されています。このプロパティでマスクを操作します。マスクのプロパティの操作方法は「039:素材の一部だけを表示する」を参照してください。

マスクの完成と同時に[マスク]プロパティが追加される

▶▶方法2　ロトブラシを使う

01 切り取る素材をレイヤーパネルで開く

切り取る部分の形状が複雑な場合はロトブラシツールを使用します。ロトブラシは素材を単体で表示するレイヤーパネルで操作するので、まずタイムラインに配置した素材をダブルクリックしてレイヤーパネルで開きます。

素材をダブルクリックしてレイヤーパネルで開く

263

02 ロトブラシツールで切り取る部分を選択する

ロトブラシツールで切り取りたい部分をドラッグして選択します。おおまかな選択でかまいません。後はロトブラシツールが自動的にエッジを検出してくれます。

ロトブラシツールを選択する

切り取る部分をドラッグして選択する

03 ロトブラシツールでドラッグした部分がマスクになる

ロトブラシツールで選択した部分の形状が自動検出されてマジェンタの線で囲まれます。これがマスクになります。選択は連続しておこなうことができ、選択ごとにマスク部分が広がっていきます。自動検出でうまく検出されなかった部分は選択し直します。

ロトブラシツールでドラッグした部分の形状が自動検出される

04 マスク外の部分を選択から外す

切り取りたい部分以外の場所が自動検出された場合は、Altキー（Macはoptionキー）を押しながらその部分をドラッグして選択します。そうするとその部分がマスクから外れます。

自動検出された切り取り以外の部分をマスクから外す

05 コンポジションパネルで切り取り結果を確認する

コンポジションパネルに切り替えるとマスクで切り取られた結果が表示されています。

コンポジションパネルに切り替えて
切り取り結果を確認する

06 プロパティでロトブラシの結果を操作する

タイムラインで素材の三角マークをクリックしてプロパティを開きます。[エフェクト]の中にロトブラシによるマスク結果を操作するプロパティがあります。詳細は省きますが、ここでマスクのエッジや合成具合などを細かく操作することができます。

タイムラインのプロパティでロトブラシ
によるマスク結果を操作する

07 映像の場合の切り取り方法

素材が映像の場合、ロトブラシツールで検出した形状はその後のフレームでも自動検出されます。レイヤーパネルに戻って素材を見てみると、パネル下部の時間スケールにグレーの帯が表示されています。この帯がロトブラシツールでマスク形状を自動検出する範囲で、ドラッグして範囲を指定します。緑色の部分はレンダリングされたフレームで、この部分がすでに自動検出されています。フレームを進めて自動検出の具合を確認し、うまく検出されていないフレームがあった場合は、そのフレームでこれまでと同じロトブラシツール操作をおこなってマスク形状の情報を補足します。

その後のフレームもマスクが自動検出される

265

094　素材を合成する

他の素材を使って合成する

素材を合成する際に他の素材の持っているアルファチャンネルや明度差を使って合成する方法を説明します。ここでは分かりやすくテキストのアルファチャンネルと明度差を使った合成方法を説明します。テキストは入力するだけでアルファチャンネル情報を与えることができるので、すぐに他の素材に合成されます。

▶▶方法1　トラックマットのアルファチャンネルで合成する
▶▶方法2　トラックマットのルミナンスキーで合成する

▶▶方法1　トラックマットのアルファチャンネルで合成する

01　合成する素材を配置する

合成する2つの素材をタイムラインに配置します。そのままの状態では上に配置した素材だけが表示されます。この素材を、他の素材を使って下の素材に合成します。

合成する2つの素材をタイムラインに配置する

他の素材を使って合成する素材

背景となる素材

02　テキストを入力する

素材合成に使用するためのテキストを入力しましょう。テキストは入力するとすぐにその下の素材に合成されます。これはテキストがアルファチャンネルを持っているからです。これからこのテキストの形状に素材を合成します。ですのでテキストの色は何色でもかまいません。

素材合成に使用するテキストを入力する

266

03 合成する素材の[トラックマット]を[アルファマット]にする

タイムラインで、合成する素材の[トラックマット]のプルダウンメニューから[アルファマット]を選びます。トラックマットは必ず1つ上に配置された素材を使用します。ですのでここでは必然的にテキストが選択されます。

[トラックマット]を[アルファマット]にする

04 素材がテキストの形状に合成される

トラックマットを指定すると素材がテキストの形状に切り取られて合成されます。[トラックマット]で[アルファ反転マット]を選ぶと、テキスト以外の部分が下の素材に合成されます。

素材がテキストの形状に合成される

▶▶方法2　トラックマットのルミナンスキーで合成する

01 合成する素材の上に画像ファイルを配置する

今度は同じ素材を明度差を使って合成してみましょう。ここではトラックマット用の素材に黒地に白文字を入力した画像ファイルを使いました。まず画像ファイルを合成する素材の上に配置します。コンポジションパネルには一番上に配置した画像だけが表示されます。これからこの画像の明度差を使って下の素材を合成します。

合成する素材の上に画像ファイルを配置する

黒地に白文字を入力した画像ファイル

267

02 合成する素材の[トラックマット]を[ルミナンスキーマット]にする

タイムラインで、合成する素材の[トラックマット]のプルダウンメニューから[ルミナンスキーマット]を選びます。テキストの時と同様トラックマットは必ず1つ上に配置された素材を使用するので、ここでは画像ファイルが選択されます。

[トラックマット]を[ルミナンスキーマット]にする

03 素材が白文字の形状に合成される

「ルミナンス」とは明度のことです。トラックマットに[ルミナンスキーマット]を選ぶと画像ファイルの明るい部分が合成に使われます。画像は黒地に白文字なので、素材が白文字の形状に切り取られて合成されます。[トラックマット]で[ルミナンスキー反転マット]を選ぶと、黒い部分の形状に切り取られて合成されます。

素材が画像の白文字の形状に合成される

MEMO
グラデーションを使った合成

[ルミナンスキーマット]が素材の明度差を使って合成することは前述のとおりですが、この機能に白黒のグラデーション画像を使えば、素材がグラデーションに従って次第に消えていく合成をおこなうことができます。グラデーションは新規平面と[グラデーション]エフェクトで簡単に作ることができるので、ぜひ試してみてください。

095　素材を合成する

特定の色部分に合成する

素材の中の特定の色を指定し、その色を中心とした近似色を抜き取って他の素材と合成することができます。映画で青や緑の壁の前で撮影した人物をCGと合成するメイキングをよく目にしますが、これは撮影素材から青や緑の部分を抜き取って合成しているわけです。こういった合成方法を[キーイング]といい、After Effectsには複数のキーイングエフェクトが存在します。

▶▶方法1　キーイング系エフェクトを適用する

▶▶方法1　キーイング系エフェクトを適用する

01　合成する素材を配置する

特定の色部分を抜き取る素材をタイムラインに配置します。ここでは青空を背景に撮影したオブジェクトの素材を用意しました。この青空部分をキーイングエフェクトで抜き取ってみましょう。

この素材の青色部分をエフェクトで抜き取る

02　キーイングエフェクトを適用する

After Effectsには複数のキーイングエフェクトが存在しますが、操作の基本は、抜き取る色を指定する／近似色の範囲を指定する／抜きとったエッジの処理をする、の3点です。最もベーシックな操作の[リニアカラーキー]を使ってキーイング操作を説明します。まず素材を選択した状態で、エフェクトメニューもしくはエフェクト&プリセットパネルの[キーイング]から[リニアカラーキー]を選択して適用します。[リニアカラーキー]が適用されるとエフェクトコントロールパネルにプロパティが表示されます。ここで抜き取る色の指定とその後の操作をおこないます。

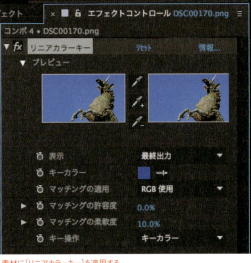

素材に[リニアカラーキー]を適用する

03 抜き取る色を指定する

[リニアカラーキー]プロパティの[キーカラー]にあるスポイトをクリックして選択します。ポインタがスポイトマークに変化するので、コンポジションパネルで素材の抜き取りたい色の部分をクリックします。ここでは空の青色を指定しましたが、クリックするとすぐに空の部分が抜き取られます。コンポジションの背景を透明にすると空が透明になっていることが分かります。

[キーカラー]のスポイトを選択する

コンポジションパネルで抜き取る色の部分をクリックする

色を指定するとすぐにその部分が抜き取られる

04 近似色の範囲を指定する

次に[マッチングの許容量]で指定した色の近似色の範囲を広げます。ここで使った素材は初期状態で空がほぼ抜けていますが、他の色を含んでいる時などは[マッチングの許容量]の値を上げて近似色の範囲を広げます。この素材で[マッチングの許容量]の値を上げると残したいオブジェクトにまで影響を及ぼしてしまいます。

[マッチングの許容量]で指定した色の近似色の範囲を広げる

この素材では[マッチングの許容量]の値を上げると残したい部分にまで影響してしまう

05 抜きとったエッジの処理をする

素材によっては抜きとったエッジにガタつきが出る場合があります。そのような時はエッジをぼかします。[リニアカラーキー]では[マッチングの柔軟度]で抜き取る色範囲の境界を柔らかくします。この素材では[マッチングの許容量]と同じく残したいオブジェクトまでぼやけてしまいます。

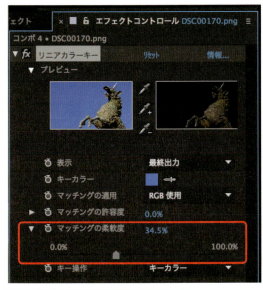

[マッチングの柔軟度]で抜き取る色範囲の境界をぼかす

この素材では[マッチングの柔軟度]の値を上げると残したい部分までぼやけてしまう

06 高度なキーイングエフェクト

より高度なキーイングをおこなう場合は[Keylight]エフェクトを適用します。[リニアカラーキー]の持つ基本機能に加え、特にエッジ部分の調整に優れた機能を持っています。

[Keylight]エフェクトでより高度な
キーイングがおこなえる

096 素材を合成する

明暗部分に合成する

素材の輝度を使って合成する方法もあります。具体的には［抽出］エフェクトを使って素材の暗い部分もしくは明るい部分を抜き取って他の素材を合成します。［抽出］エフェクトではR、G、B各チャンネルの輝度だけを抜き取ることもできますが通常はRGB全体の輝度で操作をおこないます。

▶▶方法1　［抽出］エフェクトを適用する

▶▶方法1　［抽出］エフェクトを適用する

01　合成する素材を配置する

コントラストで抜き取る素材をタイムラインに配置します。この素材の暗い部分もしくは明るい部分をキーイングエフェクトで抜き取ってみましょう。

この素材のコントラストを
エフェクトで抜き取る

02　キーイングエフェクトを適用する

素材を選択した状態で、エフェクトメニューもしくはエフェクト&プリセットパネルの［キーイング］から［抽出］を選択して適用します。エフェクトコントロールパネルに［抽出］のプロパティが表示されるので、ここで素材の抜き取るコントラスト部分を設定します。

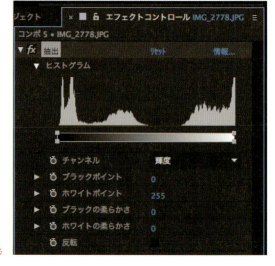

素材に［抽出］を適用する

03 暗い部分を抜き取る

[ブラックポイント]の値を上げると[ヒストグラム]下のグラデーションバーの左端が中央に移動していき、素材の暗い部分から抜き取られていきます。ここではコンポジションの背景を透明にして抜き取られる部分が分かりやすいようにしました。

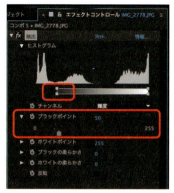

[ブラックポイント]の値を上げる

素材の暗い部分が抜き取られていく

04 抜き取られたエッジをなめらかにする

抜き取られた部分のエッジがギザギザしているので[ブラックの柔らかさ]で抜き取った部分をなめらかにします。[ブラックの柔らかさ]の値を上げると[ヒストグラム]下のグラデーションバーの左端が台形になり、抜き取った暗い部分のエッジがなめらかになります。

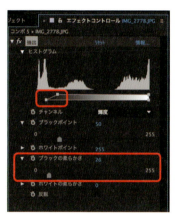

[ブラックの柔らかさ]の値を上げる

抜き取られた部分のエッジがなめらかになる

05 明るい部分を抜き取る

次に素材の明るい部分を抜き取ってみましょう。[ホワイトポイント]の値を下げると[ヒストグラム]下のグラデーションバーの右端が中央に移動していき、素材の明るい部分から抜き取られていきます。抜き取った部分をなめらかにする時は[ホワイトの柔らかさ]の値を上げます。

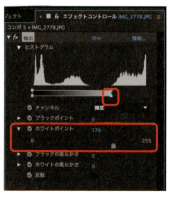

[ホワイトポイント]の値を下げる

素材の明るい部分が抜き取られていく

097 素材を合成する

映像内の動きに合成を追従させる

映像内で動いている物や映像の動き自体を分析し、その動きに合わせて他の素材を合成することができます。方法は[トラック]と[3Dカメラ]の2通りがあり、両者の動きの分析方法はまったく異なります。[トラック]が映像内の指定した点を追従するのに対し、[3Dカメラ]は映像を3D空間として解析します。

▶▶方法1 [トラック]で点を追従する
▶▶方法2 [3Dカメラ]で面を追従する

▶▶方法1 [トラック]で点を追従する

01 映像を配置する

映像素材をタイムラインに配置します。横に移動するカメラで撮影した風景映像です。まず[トラック]で素材の映像内の船の動きを追従してみましょう。

カメラが横移動する映像の素材

02 合成する素材を用意する

次に船の動きを追従する図形を配置します。ここでは吹き出しの図形を用意しました。この図形が船の動きを追従して動くようにするわけですが、船との位置は最後に調整するので今は画面中央に配置しておきます。

船の動きに合わせて合成する素材を配置する

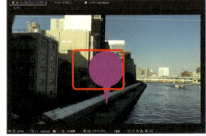

この吹き出しを船に動きに合わせて合成する

274

03 トラッカーパネルの[トラック]を選択する

映像素材を選択した状態で、トラッカーパネルの[トラック]を選択します。すると素材がレイヤーパネルで開き、素材の中央に二重の四角のトラックポイントが表示されます。

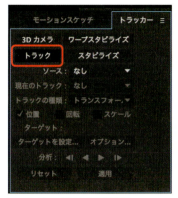

トラッカーパネルの[トラック]を選択する

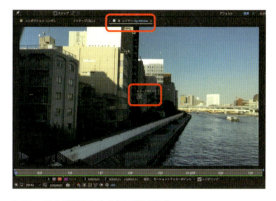

レイヤーパネルが開きトラックポイントが表示される

04 トラックポイントを指定する

このトラックポイントを動きを追従する箇所にドラッグします。トラックポイントは二重の四角ですが、中の四角で追従するオブジェクトを囲み、外の四角で次のフレームで移動する予測範囲を囲みます。ここでは川を進む船を追従するので船を四角で囲みました。追従する物はコントラストが強いほど効果的です。

トラックポイントで動きを追従する船を囲む

05 分析を開始する

トラッカーパネルの[分析]エリアで分析方向のボタンを押して1フレームずつあるいは連続で分析します。最初は1フレームずつ分析し、うまく分析されるようであれば連続で分析させると良いでしょう。

トラッカーパネルの[分析]で動きを分析する

06 分析結果が表示される

分析が終わるとレイヤーパネルに船の動きの軌跡が表示されます。動きが細かい場合は表示を拡大するとよくわかります。これが分析結果で、1フレームずつのキーフレームで構成されています。

レイヤーパネルに動きの軌跡が表示される

07 動きの分析結果を適用するターゲットを指定する

トラッカーパネルの[ターゲットを設定]をクリックし、[ターゲット]ダイアログボックスで動きの分析結果を適用する素材を指定します。ここでは図形を船の動きに追従させるので、図形を指定して[OK]をクリックします。

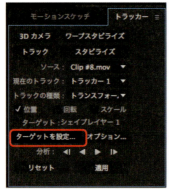

トラッカーパネルの[ターゲットを設定]をクリックする

[ターゲット]ダイアログボックスで動きの分析結果を適用する素材を指定する

08 動きの分析結果を合成素材の位置情報に適用させる

動きの分析結果を図形に適用させるために[適用]をクリックします。すると[モーショントラッカー適用オプション]ダイアログボックスが現れるので、適用する軸を指定します。縦と横、両方の動きを適用したいので[XおよびY]を指定して[OK]をクリックします。

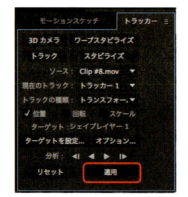

動きの分析結果を図形に適用させるために[適用]をクリックする

適用する動きの方向を指定する

276

09 図形の位置プロパティにキーフレームが設定される

タイムラインで図形の[トランスフォーム]プロパティを開くと、[位置]プロパティにキーフレームが設定されています。これが動きの分析結果を適用して生成されたキーフレームです。次に[位置]プロパティの文字部分をクリックしてすべてのキーフレームを選択し、コンポジションパネルで図形を船の位置まで移動します。

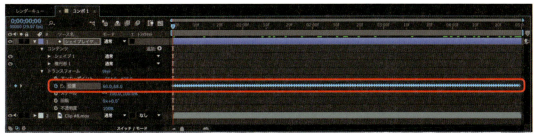

図形の[位置]プロパティにキーフレームが設定されている

全キーフレームを選択した状態で図形を船の位置まで移動する

10 映像にマッチした合成が完成する

プレビューすると図形が常に船を示すように動くのが分かります。これで完成です。

図形が常に船を示すように動く

277

▶▶方法2　[3Dカメラ]で面を追従する

01　合成する素材を配置する

[トラック]で船の動きを分析した映像素材を今度は[3Dカメラ]で分析し、映像の動きに合わせたテキストを合成してみましょう。

カメラが横移動する映像の素材。ここにテキストを合成する

02　トラッカーパネルで[3Dカメラ]を選択する

映像素材を選択した状態でトラッカーパネルの[3Dカメラ]をクリックします。

トラッカーパネルの[3Dカメラ]をクリックする

03　3Dカメラの分析が開始される

映像の3Dカメラ分析が開始されます。分析後はこの映像を撮影したカメラ状態を解析して3Dカメラ分析が終了します。

映像の3Dカメラ分析が開始する

04 分析結果が表示される

分析終了後にコンポジションパネルを見ると映像にカラフルなバツマークが表示されています。これが3Dカメラの分析結果で、バツマークを「トラックポイント」と呼びます。[現在の時間インジケーター]を移動するとすべてのフレームにトラックポイントが生成されているので、合成する場所を探すのに適したフレームを表示しておきます。

分析結果がトラックポイントと呼ばれるバツマークで表示される

05 合成するターゲットを選択する

トラックポイント同士の間にポインタを持っていくと赤い円と半透明の三角形が表示されます。これが面の分析結果で「ターゲット」と呼ばれます。このターゲットの中から合成させたい面を選びます。ここではビルの壁面にあるターゲットを合成する面にしました。ターゲットが表示された状態で次の操作をおこないます。

テキストを合成する面を選ぶ

06 ターゲットからテキストとカメラを作成する

ターゲット上で右クリックし、分析結果の適用方法を選びます。ここでは映像の動きに合わせたテキストを合成するので[テキストとカメラを作成]を選びました。

ターゲットを右クリックしてテキストとカメラを作成する

279

07 テキストが生成される

タイムラインに3Dトラッカーとテキストが生成され、コンポジションパネルに白いテキストが表示されます。

タイムラインに3Dトラッカーとテキストが生成される

指定した面に適したテキストが生成される

08 テキストを入力する

タイムラインでテキストを選択して、コンポジションパネルでテキストを入力してフォントやサイズを設定し、3Dハンドルでカメラに対する方向を設定します。

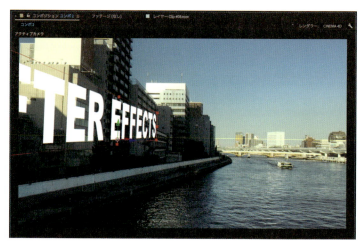

テキストを入力し、3Dハンドルで回転させてカメラへの向きを設定する

09 映像の動きにマッチしたテキストが完成する

テキストが映像の動きに合わせて合成されました。ここではテキストを合成しましたが、[3Dカメラ]は映像を撮影したカメラの状態や映像内の空間を3Dの情報として分析するので、その空間に平面や他の素材を配置することでそれらを映像の動きにマッチさせることができます。

098　完成作品を出力する

出の設定をする

完成した作品を出力しましょう。出力するファイルはムービーファイルが一般的ですが、Web公開やデバイス用のファイルで出力したり別のソフトへの受け渡しがある場合などはそれに応じたファイルで出力します。ここで説明する出力の設定方法で作品の展開先に応じた設定をおこなってください。

- ▶▶方法1　レンダーキューで出力する
- ▶▶方法2　出力の初期設定を変える
- ▶▶方法3　Adobe Media Encoderを使う

▶▶方法1　レンダーキューで出力する

01　コンポジションをレンダーキューに追加する

完成したコンポジションを選択しておきます。これからこのコンポジションを設定した画質とファイルで出力します。まず初めにコンポジションを選んだ状態でコンポジションメニューの[レンダーキューに追加]を選びます。

はじめて出力する時は、この後に出力ファイルの保存先を指定するダイアログボックスが開くので、保存先を指定します。保存先は後で変更することもできます。

完成したコンポジションを選択する

コンポジションメニューの[レンダーキューに追加]を選ぶ

02 レンダーキューパネルが開く

コンポジションがレンダーキューパネルに追加されます。出力設定後、編集内容を出力するためにレンダリングするわけですが、レンダリングは複数のコンポジションをまとめておこなえます。ですので、別のコンポジションもレンダーキューに追加し、最後にまとめてレンダリングすることもできます。

コンポジションが追加されたレンダーキューパネルが開く

03 レンダリング設定をする

レンダーキューの[レンダリング設定]として表示されたプリセット名の三角マークをクリックして、メニューからプリセットの設定を選びます。カスタマイズ設定をおこなう場合はプリセット名をクリックして[レンダリング設定]ダイアログボックスを開きます。ここでレンダリングの設定をしますが、重要なのは[画質][解像度][フレームレート]です。他は初期設定のままでも大抵は問題ありません。[画質]と[解像度]で出力するムービーや画像の質を設定します。最高画質は[画質:最高][解像度:フル画質]の設定です。編集が複雑でレンダリングに時間がかかる作品をすぐにチェックしたい場合などは、[画質]や[解像度]の設定で画質を落とします。[フレームレート]は異なるフレームレートで出力する場合にここで設定を変更します。設定が終わったら[OK]をクリックします。

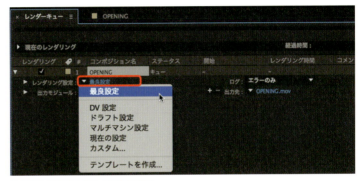

[レンダリング設定]でプリセットの設定を選ぶ

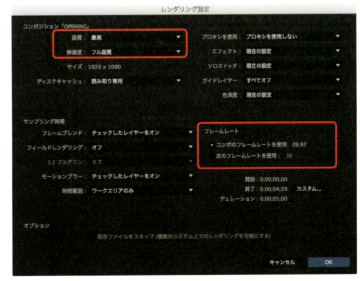

カスタマイズの設定は[レンダリング設定]ダイアログボックスでおこなう

04 出力モジュールの設定をする

［出力モジュール］として表示されたプリセット名の三角マークをクリックしてメニューからプリセットの設定を選びます。カスタマイズ設定をおこなう場合は［出力モジュール］のプリセット名をクリックして［出力モジュール設定］ダイアログボックスを開きます。ここは出力するファイル形式を設定する重要な箇所です。まず［形式］でムービーや連番静止画ファイルなどのファイル形式を選択します。続いて［ビデオ出力］で選択した［形式］に応じた設定をおこないます。例えば［形式］でムービー形式を選択した場合、ここの［形式オプション］でムービーの圧縮方式や画質を設定します。その他［サイズ変更］やオーディオ出力など様々な設定をここでおこないます。すべての設定が終わったら［OK］をクリックします。

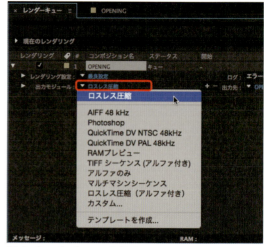

［出力モジュール］でプリセットの設定を選ぶ

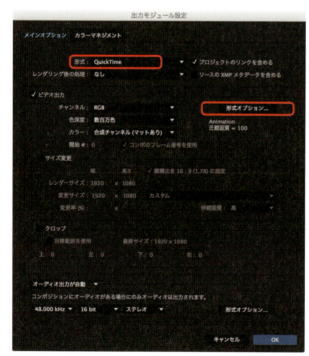

［出力モジュール設定］ダイアログボックスで出力形式やサイズ変更などの設定をおこなう

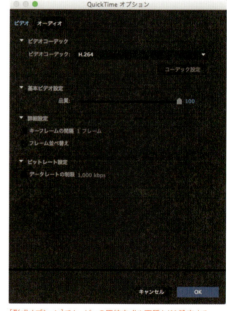

［形式オプション］でムービーの圧縮方式や画質などを設定する

05 出力先と名称の設定をする

［出力先］として表示されているファイル名をクリックして［ムービーを出力］ダイアログボックスを開きます。ここで通常のファイル保存と同じようにファイル名と保存場所を指定します。設定が完了したら［保存］をクリックします。

出力ファイルの名称と保存先を設定する

06 出力する

レンダーキューパネル右上の［レンダリング］をクリックすると作品のレンダリングを開始します。レンダリング中は実行状況がパネル上部のバーで表示されます。レンダリングが完了するとチャイムが鳴り、レンダーキューの［ステータス］に［完了］と表示されます。

レンダリングを開始する

> **MEMO**
>
> **チェックやWeb公開用のファイル出力**
>
> レンダーキューでの出力では主にコンポジションを編集に受け渡すために使用するため、Web公開用の高圧縮出力形式やプリセットは用意されていません。H264の形式でWeb公開先やデバイスに応じたプリセットを使用したい場合はAdobe Media Encoderで出力します。出力方法は後述の「方法3:Adobe Media Encoderを使う」を参照してください。

▶▶方法2　出力の初期設定を変える

01　編集メニューの[テンプレート]を選ぶ

コンポジションがレンダーキューに追加されるとレンダリング設定や出力モジュールなどのプリセットが初期設定になっていますが、この初期設定自体を変更することもできます。変更するために、まず編集メニューの[テンプレート]から[レンダリング設定]もしくは[出力モジュール]を選びます。

編集メニューの[テンプレート]から[レンダリング設定]もしくは[出力モジュール]を選ぶ

02　[レンダリング設定テンプレート]で初期設定をする

[テンプレート]の[レンダリング設定]を選ぶと[レンダリング設定テンプレート]ダイアログボックスが表示されます。ここで[レンダリング設定]の初期設定をプリセットの中から選択します。詳細は省きますが、ここでプリセットをカスタマイズしてオリジナル設定を追加することもできます。

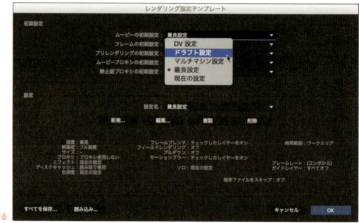

[レンダリング設定]の初期設定を設定する

03　[出力モジュールテンプレート]で[出力モジュール]の初期設定を設定する

[テンプレート]の[出力モジュール]を選ぶと[出力モジュールテンプレート]ダイアログボックスが表示されます。ここで[出力モジュール]の初期設定をプリセットの中から選択します。詳細は省きますが、ここでプリセットをカスタマイズしてオリジナル設定を追加することもできます。

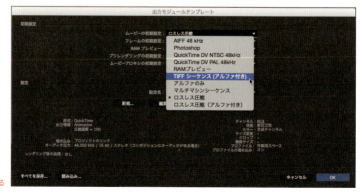

[出力モジュール]の初期設定を設定する

04 レンダーキューの初期設定が変更される

コンポジションをレンダーキューに追加すると、出力の初期設定が変わっているのが分かります。

レンダーキューの初期設定が変更される

▶▶方法3　Adobe Media Encoderを使う

01 コンポジションメニューの [Adobe Media Encoder キューに追加] を選ぶ

コンポジションをWeb公開やデバイス視聴用のファイルに出力する場合は、Adobe Media Encoderを使って出力します。Adobe Media Encoderはファイル変換専用のソフトウエアで、視聴するメディアに応じたファイルに変換することができます。

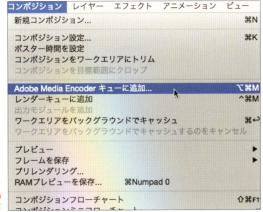

コンポジションメニューの[Adobe Media Encoder キューに追加]を選ぶ

02 Adobe Media Encoderが起動する

Adobe Media Encoderが起動してコンポジションがキューに追加されます。プリセットにメディアが表示されているので、目的にあったメディアとそれに応じたファイルをダブルクリックしてコンポジットの出力設定に追加していきます。設定後、キューパネルの右上にある緑の三角マークをクリックして出力を開始します。

Adobe Media Encoderが起動する

099 完成作品を出力する

音だけを書き出す

完成した作品の音だけを出力することもできます。音声のファイル形式は、WAV、AIFF、MP3など多数ありますが、ここではWebやデバイスで多く使われているMP3ファイルで出力する方法を説明します。

▶▶方法1 出力モジュールでサウンド形式を選ぶ

▶▶方法1 出力モジュールでサウンド形式を選ぶ

01 コンポジションをレンダーキューに追加する

完成したコンポジションを選択した状態でコンポジションメニューの[レンダーキューに追加]を選び、レンダーキューに追加します。ここまでは映像を出力する時と同じです。ここでは音だけを書き出すので出力モジュールの設定をサウンドファイルにして音質の設定をしていきます。

コンポジションをレンダーキューに追加する

02 サウンドファイル形式を選ぶ

レンダーキューの[出力モジュール]のプリセット名をクリックして[出力モジュール設定]ダイアログボックスを表示します。まずサウンド形式を選びましょう。ここではMP3にしたいので、[形式]のプルダウンメニューから[MP3]を選びます。

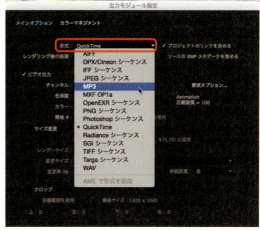

[出力モジュール設定]の[形式]で
サウンドファイル形式を選ぶ

03 音質を設定する

続いて音質の設定です。まず初めに音の周波数を設定します。CDクオリティは[44.1kHz]です。この周波数はサウンド形式により選べる場合と固定されている場合があります。続いて[ステレオ]か[モノラル]かの設定です。最後にダイアログボックス一番右下にある[形式オプション]をクリックして[MP3オプション]ダイアログボックスを開きます。ここでMP3の品質設定をおこなうわけですが、MP3はストリーミング用のサウンドファイルなので1秒間に流れる情報量で音質を設定します。これを「ビットレート」といい、初期設定は[128kbps]で値が低くなるほど音質は落ちます。設定が終了したら[OK]をクリックします。後は映像と同様に出力先やファイル名を設定してレンダリングします。

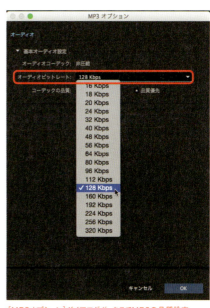

[MP3オプション]ダイアログボックスでMP3の品質設定をおこなう

音の周波数を設定

100　完成作品を出力する

一部分だけ出力する

コンポジションの特定の時間だけを出力することができます。ワークエリアの範囲を指定して出力するわけですが、ワークエリアの設定はRAMプレビューの際にもよく使うので、出力する時にはワークエリアの状態がどうなっているのかチェックするクセをつけておいた方が良いでしょう。出力したい範囲を設定した後に出力を開始します。

- ▶▶方法1　ワークエリアで範囲を指定する
- ▶▶方法2　タイムコードで範囲を指定する

▶▶方法1　ワークエリアで範囲を指定する

01　ワークエリアの範囲を設定する

タイムラインの上部にあるワークエリアの端をドラッグして開始点と終了点を設定します。このワークエリアの範囲だけを出力します。

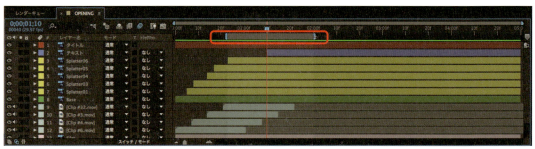

ワークエリアの端をドラッグして範囲を設定する

02　コンポジションをレンダーキューに追加する

コンポジションを選択した状態でコンポジションメニューの[レンダーキューに追加]を選び、レンダーキューに追加します。

コンポジションをレンダーキューに追加する

03 レンダリング設定を確認する

レンダリングキューの[レンダリング設定]のプリセット名をクリックして[レンダリング設定]ダイアログボックスを表示します。ダイアログボックス左下の[時間範囲]が[ワークエリアのみ]になっていることを確認します。ここが[コンポジションの長さ]になっているとワークエリアの設定が無視されてコンポジション全体が出力されます。出力範囲を確認したら[OK]をクリックしてダイアログボックスを閉じ、出力先とファイル名を設定してレンダリングします。

[レンダリング設定]ダイアログボックスで出力範囲を確認する

▶▶方法2 タイムコードで範囲を指定する

出力範囲をタイムコードで指定することもできます。その場合、まず[レンダリング設定]の[時間範囲]で[カスタム]を選びます。[カスタム時間]ダイアログボックスが表示されるので、出力の開始フレームと終了フレームを設定して[OK]をクリックします。

[時間範囲]で[カスタム]を選ぶ

出力する範囲をタイムコードで指定する

101 完成作品を出力する

画面を静止画にして書き出す

コンポジションの1フレームを静止画ファイルとして出力できます。静止画のファイル形式は複数あり、ファイル形式を選んだ後に形式に応じた圧縮設定などをおこないます。また、1フレームをPhotoshopファイルで出力して、編集素材を配置したレイヤー構造をそのままPhotoshopのレイヤーとして出力することもできます。

▶▶方法1　シーケンスファイルで保存する
▶▶方法2　Photoshopレイヤーで保存する

▶▶方法1　シーケンスファイルで保存する

01　書き出すフレームを指定する

[現在の時間インジケーター]を移動して、静止画として書き出すフレームを指定します。

[現在の時間インジケーター]で出力するフレームを頭出しする

02　コンポジションメニューの[フレームを保存]から[ファイル]を選ぶ

コンポジションメニューの[フレームを保存]から[ファイル]を選びます。そうすると映像の出力と同様にコンポジションがレンダーキューに追加されます。

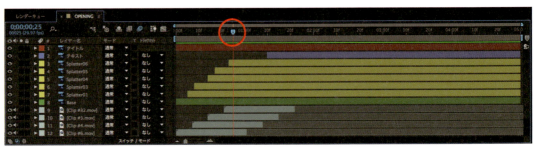

コンポジションメニューの[フレームを保存]から[ファイル]を選ぶ

03 静止画ファイル形式を選ぶ

レンダーキューの[出力モジュール]のプリセット名をクリックして[出力モジュール設定]ダイアログボックスを表示します。まず静止画のファイル形式を選びましょう。ここではJPEGファイルで出力することにし、[形式]のプルダウンメニューから[JPEGシーケンス]を選びます。

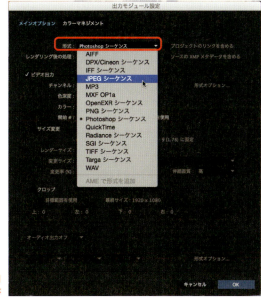

［出力モジュール設定］の［形式］で静止画ファイル形式を選ぶ

04 JPEGの圧縮設定をする

[JPEGオプション]ダイアログボックスが現れるので、圧縮設定をして[OK]をクリックします。

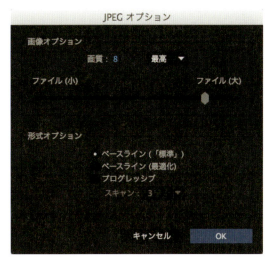

JPEGの圧縮設定をする

05 サイズを変更する

静止画のサイズを編集しているサイズと変えたい場合は[サイズ変更]で出力するサイズを設定します。設定が終わったら[OK]をクリックしてダイアログボックスを閉じます。後は出力先とファイル名を設定してレンダリングします。

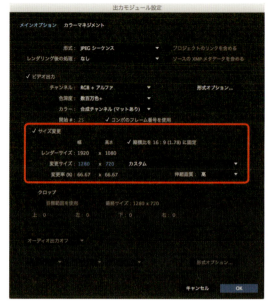

［サイズ変更］で出力する静止画のサイズを設定する

▶▶方法2 Photoshopレイヤーで保存する

01 コンポジションメニューの[フレームを保存]から[Photoshopレイヤー]を選ぶ

[現在の時間インジケーター]を移動してPhotoshopのレイヤーファイルとして書き出すフレームを指定します。次に、コンポジションメニューの[フレームを保存]から[Photoshopレイヤー]を選びます。

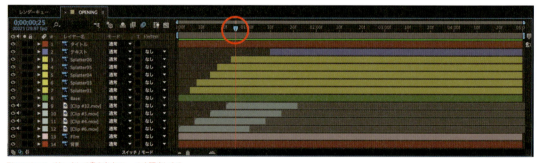

Photoshopレイヤーとして書き出すフレームを頭出しする

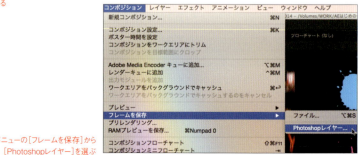

コンポジションメニューの[フレームを保存]から
[Photoshopレイヤー]を選ぶ

02 出力先とファイル名称を設定する

出力先とPhotoshopファイル名を設定して[保存]をクリックします。

出力先とファイル名称を設定する

03 フレームがPhotoshopファイルで出力される

保存したPhotoshopファイルをPhotoshopで開くと、After Effects上で配置したレイヤー構造がそのままPhotoshopのレイヤーとして出力されています。

After EffectsのレイヤーがPhotoshopのレイヤーとして出力されている

After Effects 標準エフェクト一覧

After Effectsに標準で搭載されている全エフェクトの一覧です。
CCバージョン（Mac）のメニュー画面に基づいた順番で紹介します。

3D Channel　3Dチャンネル

CG素材などに含まれる3D用チャンネルを含むフッテージを利用するエフェクト。
使用できるチャンネルはマテリアルIDやオブジェクトID、Z深度チャンネルなどがある。Z深度を利用すれば、映像に奥行き感を与えることができる。

1	3D チャンネル抽出	RLA、RPFファイルのチャンネルからマスクをつくる
2	EXtractoR	OpenEXRファイルのチャンネルからマスクをつくる
3	IDentifier	OpenEXRファイルのIDからマスクをつくる
4	IDマット	RLA、RPFファイルのIDからマスクをつくる
5	デプスマット	Z深度チャンネルからマスクをつくる
6	フォグ3D	Z深度チャンネルを使った霧を生み出す
7	被写界深度	フォーカスのボケを加える

Expression Controls　エクスプレッション制御

イメージを加工するためのエフェクトではなく、他のエフェクトをコントロールするためのエフェクト。
エクスプレッションと呼ばれる言語を使用することで、プロパティを簡単にコントロールできる。複数のレイヤーに対して、同じ設定値でコントロールしたい時などに効果的。

8	3Dポイント制御	3D座標の値を制御する
9	カラー制御	他のエフェクトのカラーを操る
10	スライダー制御	他のエフェクトのスライダーを操る
11	チェックボックス制御	他のエフェクトのチェックボックスを操る
12	ポイント制御	他のエフェクトの座標を操る
13	レイヤー制御	レイヤーを一覧表示する
14	角度制御	他のエフェクトの角度を操る

Audio　オーディオ

サウンドフッテージやムービーのオーディオ部分に適用するエフェクト。
After Effectsは、映像編集がメインなので必要最低限のエフェクトしか搭載されていないが、いずれのエフェクトもクオリティは高いので、サウンドを含めた編集も十分可能。

15	ステレオミキサー	左右レベルとパンを調整する
16	ディレイ	反響効果をつける
17	トーン	電子音を作成する
18	ハイパス／ローパス	高音域もしくは低音域をカットする

19	バス&トレブル	....	低音と高音のレベルを調整する
20	パラメトリックEQ	....	周波数を指定し、レベルを調整する
21	フランジ&コーラス	....	変調した音を加えて、音に深みやうねりを与える
22	モジュレーター	....	音を震わす
23	リバース	....	逆再生する
24	リバーブ	....	残響効果を加える

Color Correction　カラー補正

イメージ全体のカラーを補正するエフェクト。
RGB、HLSなど各チャンネルを操作するものから、指定の基準で自動的に補正をかけるものまでさまざま。イメージの色調具合や補正内容など条件に合ったエフェクトを選ぶことができる。

25	CC Color Neutralizer	....	3段階でカラーバランスをおこなう
26	CC Color Offset	....	段階的にカラーを変化させる
27	CC Kernel	....	3行3列で構成されたグリッドを元にピクセル処理をおこなう
28	CC Toner	....	トーン別にカラーを指定する
29	Lumetri Color	....	総合的なカラー補正をおこなう
30	PS不定マップ	....	Photoshopの不定マップをレイヤーに適用する
31	カラースタビライザー	....	動画の露出を一定に保つ
32	カラーバランス	....	3トーン別にRGB量を調整する
33	カラーバランス（HLS）	....	色相、明度、彩度を調整する
34	カラーリンク	....	別イメージのカラーとリンクさせる
35	ガンマ／ペデスタル／ゲイン	.....	ガンマ、ペデスタル、ゲインを調整する
36	コロラマ	....	色調を維持したまま、カラーを循環させる
37	シャドウ・ハイライト	....	逆光や色飛び部分を補正する
38	チャンネルミキサー	....	チャンネル配合を使用してカラーを調整する
39	トーンカーブ	....	トーンカーブを使って色調を補正する
40	トライトーン	....	3トーン別にカラーを変更する
41	ブロードキャストカラー	....	テレビ放送の合成信号規格内にカラーを収める
42	レベル	....	カラーレベルのリマップで、輝度・コントラスト・ガンマを補正
43	レベル（個々の制御）	....	RGBA別にカラーレベルをリマップ
44	レンズフィルター	....	カラーフィルターをつけて撮影したような効果にする
45	輝度&コントラスト	....	輝度・コントラストを数値で補正する
46	自然な彩度	....	肌色をキープしながら彩度を高める
47	自動カラー補正	....	自動的にカラーとコントラストを補正する
48	自動コントラスト	....	自動的にコントラストだけを補正する
49	自動レベル補正	....	自動的にレベルのリマップをする
50	色を変更	....	特定のカラーだけを変更する
51	色合い	....	ダブルトーンカラーに変更する
52	色相／彩度	....	色相、彩度、明度を調整する
53	色抜き	....	指定したカラーだけを表示させる

54	他のカラーへ変更	特定のカラーだけを変更する
55	特定色域の選択	CMYK別にカラーを補正する
56	白黒	グレースケールを作成する
57	平均化（イコライズ）.............	明るさ、カラーを均一にする
58	露出	カメラの露出設定を再現する

Keying　キーイング

特定の色を取り除き、透明化するためのエフェクト。
ブルーバック等で撮影された素材の背景を透明化して合成（キーアウト）するエフェクト、キーアウト後の補正用
エフェクトなどがある。定番は、半透明や細かいディテールのキーアウトも可能な［Keylight］。

59	CC Simple Wire Removal	不要な直線を除去する
60	Keylight (1.2)	高精度に、指定した色域を取り除く
61	インナー／アウターキー	2本のベジェマスクを使って取り除く
62	カラー差キー	複雑な色域を取り除く
63	キークリーナー	アルファチャンネルをきれいに整える
64	リニアカラーキー	色域の指定方法を選んで、色域を取り除く
65	異なるマット	別レイヤーとの色の差を取り除く
66	高度なスピルサプレッション	輪郭に残った不要な色を抑制する
67	色範囲	イメージ上から色を検出して取り除く
68	抽出	輝度をヒストグラム上で指定して取り除く

Simulation　シミュレーション

雨や雪、泡や粒子、爆破や水面の歪みなど、動きのある現象を再現（シミュレート）するエフェクト。
なかでも、数多くのパラメータを設定することができる［CC Particle System II］は、煙や炎など、さまざまな表
現に応用が可能。

69	CC Ball Action	ボールの集合体にする
70	CC Bubbles	泡状にしてアニメートする
71	CC Drizzle	雨粒が水面に落ちる波紋をアニメート
72	CC Hair	毛を生やす
73	CC Mr. Mercury	噴き出す粘性の液体をアニメートする
74	CC Particle Systems II	星・ポリゴンなどの粒子をアニメート
75	CC Particle World	3D空間に粒子をアニメートする
76	CC Pixel Polly	破片状に砕いてアニメートする
77	CC Rainfall	降り続く雨をアニメートする
78	CC Scatterize	粒子状に砕く
79	CC Snowfall	降り続く雪をアニメートする
80	CC Star Burst	迫ってくる星をアニメートする
81	ウェーブワールド	波紋をシミュレートし、マップを作成
82	カードダンス	カード状に分割して回転させる

83	コースティック	....	水面の歪みや映り込みを再現する
84	シャター	....	破片状に砕く爆発をアニメートする
85	パーティクルプレイグラウンド	..	イメージやテキストを粒子にしてアニメート
86	泡	....	浮かぶ泡を生成しアニメートする

Stylize　スタイライズ

イメージの表面やエッジの質感を変化させるエフェクト。
さまざまな形状でイメージをパターン化するもの、ブラシ、スケッチ、モザイク、ぼかしやにじみなどイメージ全体の質感を変化させるものなど、多種のエフェクトがある。

87	CC Block Load	....	ウェブサイトの画像読み込み風アニメーション
88	CC Burn Film	....	フィルムの焼ける様子を再現する
89	CC Glass	....	ガラスの歪みを再現する
90	CC HexTile	....	画像を六角形のタイル状にする
91	CC Kaleida	....	万華鏡のようなタイルをつくる
92	CC Mr. Smoothie	....	2点のカラーを抽出してパターンにする
93	CC Plastic	....	プラスチックの歪みと光沢を再現する
94	CC RepeTile	....	タイル状のパターンをつくる
95	CC Threshold	....	しきい値を基準に、ハイコントラストなトーンに
96	CC Threshold RGB	....	しきい値を基準に、ハイコントラストなカラーに
97	CC Vignette	....	画面の四隅を暗くするトンネルエフェクト
98	しきい値	....	しきい値を基準に、ハイコントラストな白黒に
99	エンボス	....	エッジをシャープにして立体的にする
100	カートゥーン	....	漫画やスケッチのような質感にする
101	カラーエンボス	....	カラーのまま、エッジをシャープにして立体的にする
102	グロー	....	光を拡散し発光させる
103	ストロボ	....	ストロボライトの点滅を再現する
104	テクスチャ	....	別レイヤーをテクスチャとして読み込む
105	ブラシストローク	....	ブラシで描いたような質感にする
106	ポスタリゼーション	....	カラーの階調を減らす
107	モーションタイル	....	複製してタイル状に並べる
108	モザイク	....	モザイクをかける
109	ラフエッジ	....	エッジをギザギザにする
110	拡散	....	ぼかし、にじみを加える
111	輪郭検出	....	輪郭を強調する

Channel　チャンネル

RGB、HLS、アルファなど、チャンネルに関するエフェクト。
チャンネルには、光の3原色である赤(R)緑(G)青(B)、色空間の成分である色相(H)輝度(L)彩度(S)、マスクなどに使用できるアルファチャンネルがある。

112	CC Composite	オリジナルとエフェクト後のイメージを合成する
113	アリスマチック	RGB値を演算子による計算で調整する
114	カラーマット削除	合成で生じるフリンジを除去する
115	チャンネルコンバイナー	指定したチャンネルを他のチャンネルに置き換える
116	チャンネルシフト	RGBAチャンネルを他のチャンネルに置き換える
117	チャンネル設定	RGBAチャンネルを別レイヤーのチャンネルに置き換える
118	ブレンド	別レイヤーと合成し、アニメートする
119	マット設定	別レイヤーのチャンネルを、アルファとして取り込む
120	計算	別レイヤーのチャンネルを合成する
121	合成アリスマチック	2つのイメージを計算式で合成する
122	最大／最小	RGBA範囲をピクセル単位で拡大・縮小
123	単色合成	単色の平面を合成する
124	反転	チャンネル値を反転させる

Text　テキスト

数値に関するテキストをイメージに追加するエフェクト。
フレームや再生時間などコンポジションとリンクした数値を表示する[タイムコード]と、日付や時間、乱数など任意の数字を表示する[番号]がある。

| 125 | タイムコード | タイムコードを表示する |
| 126 | 番号 | 数字を表示する |

Distort　ディストーション

イメージの表面やエッジに「歪み」を加えるエフェクト。
曲げる、こする、切り裂くといった一般的なものから、波紋、球形、レンズなど具象的な歪みまでさまざまな表現が可能。[Power Pin]や[レンズ補正]などは、別レイヤーへの画面はめ込みの際に便利。

127	CC Bend It	指定地点間で曲げる
128	CC Bender	スタイルを選択して曲げる
129	CC Blobbylize	ゼリー状の立体感を与える
130	CC Flo Motion	万華鏡のような歪み
131	CC Griddler	タイル状に分割する
132	CC Lens	魚眼レンズのような歪み
133	CC Page Turn	ページをめくったような折り返し
134	CC Power Pin	フレームを歪ませる
135	CC Ripple Pulse	波紋のような歪みをアニメートさせる
136	CC Slant	斜めに引っ張る
137	CC Smear	こすって伸ばす
138	CC Split	切り裂く
139	CC Split 2	形状をカスタマイズして切り裂く
140	CC Tiler	タイル状に複製する

141	にじみ	指定した領域を伸縮させ、うねらせる
142	ゆがみ	ブラシのようにイメージ上で直接歪ませる
143	アップスケール（ディテールを保持）	画像のディテールを保持したまま拡大する
144	オフセット	イメージを移動させてループ表示する
145	コーナーピン	フレームを歪ませる
146	ズーム	虫眼鏡のように一部を拡大表示する
147	タービュレントディスプレイス	乱流のような歪みをアニメートさせる
148	ディスプレイスメントマップ	別イメージを使用して変形させる
149	トランスフォーム	軸に沿って伸縮回転させる
150	バルジ	円形状に膨らませたり窪ませる
151	ベジェワープ	ベジェ曲線のシェイプに沿って変形させる
152	ミラー	鏡像のように線対称に反射させる
153	メッシュワープ	グリッドに沿って変形させる
154	リシェープ	マスクの変形に沿って歪ませる
155	レンズ補正	カメラレンズによる歪曲を補正する
156	ローリングシャッターの修復	ローリングシャッターの歪みを修復する
157	ワープ	15のスタイルから選んで変形させる
158	ワープスタビライザーVFX	手ぶれを自動的に分析、修正する
159	回転	渦巻き状に回転させる
160	球面	球形に歪める
161	極座標	直交座標から極座標へ変換して歪ませる
162	波形ワープ	波のような歪みをアニメートさせる
163	波紋	波紋のような歪みをアニメートさせる

Transition　トランジション

別のレイヤーに画面を切り替える際の、画面転換（ワイプ）の方法を設定するエフェクト。
画面転換以外にも、工夫次第で幾何学的なアニメーションなどにも応用できる。トランジションエフェクトの多く
は2つのレイヤーを用意して使用する。

164	CC Glass Wipe	ガラス状に歪めながら画面を切り替える
165	CC Grid Wipe	格子状に画面を切り替える
166	CC Image Wipe	別レイヤーを挟んで画面を切り替える
167	CC Jaws	歯形状に画面を切り替える
168	CC Light Wipe	光を放ちながら画面を切り替える
169	CC Line Sweep	階段状の境界で画面を切り替える
170	CC Radial ScaleWipe	穴をこじあけるように画面を切り替える
171	CC Scale Wipe	引き伸ばしながら画面を切り替える
172	CC Twister	ねじりながら画面を切り替える
173	CC WarpoMatic	輝度差などを利用して歪めながら切り替える
174	アイリスワイプ	星形で画面を切り替える
175	カードワイプ	カード状に分割して画面を切り替える

176	グラデーションワイプ	グラデーションを基に徐々に画面を切り替える
177	ブラインド	ストライプ状に画面を切り替える
178	ブロックディゾルブ	ブロック状に画面を切り替える
179	リニアワイプ	直線で画面を切り替える
180	放射状ワイプ	放射状に画面を切り替える

Noise & Grain　ノイズ&グレイン

イメージに意図的にノイズを加えるエフェクト。
合成の違和感を軽減するためにあえてノイズを加える時などに使用するほか、フィルムの粒状の再現、雲や霧などの再現、ゴミ取りなどで使用できるエフェクトもある。

181	グレイン(マッチ)	別レイヤーのノイズと同じノイズを加え合成をなじませる
182	グレイン(除去)	ノイズを目立たなくする
183	グレイン(追加)	ノイズを加える
184	タービュレントノイズ	霧や雲などのフラクタル形状を使ったノイズ
185	ダスト&スクラッチ	傷やゴミを除去する
186	ノイズ	ノイズを加える
187	ノイズHLS	色相、明度、彩度を使ってノイズを加える
188	ノイズHLSオート	ノイズHLSをアニメートする
189	ノイズアルファ	アルファチャンネルにノイズを加える
190	フラクタルノイズ	霧や雲などのフラクタル形状を使ったノイズ
191	ミディアン	色を平均化する

Blur & Sharpen　ブラー & シャープ

イメージをぼかしたり、輪郭のメリハリを強調するエフェクト。
イメージにぼかしを加えることを「ブラー」と呼ぶ。ぼかしを加えることによって、遠近感やスピード感、カメラの被写界深度などを演出することができる。

192	CC Cross Blur	垂直と水平ブラーを描画モードで合成
193	CC Radial Blur	放射状にぼかす
194	CC Radial Fast Blur	放射状のぼかしを手早く生成する
195	CC Vector Blur	別レイヤーを元にしてぼかす
196	アンシャープマスク	輪郭を際立たせる
197	シャープ	イメージ全体をシャープにする
198	ブラー(カメラレンズ)	カメラのフォーカスによるボケを再現
199	ブラー(ガウス)	イメージをぼかす
200	ブラー(チャンネル)	チャンネルごとにぼかす
201	ブラー(バイラテラル)	コントラストによってぼかしの程度を変える
202	ブラー(ボックス)	範囲内を繰り返しぼかす
203	ブラー(合成)	別レイヤーを元にしてぼかす
204	ブラー(詳細)	ピクセルを平均化してぼかす

| 205 | ブラー（放射状） | 放射状にぼかす |
| 206 | ブラー（方向） | 一方向にぼかす |

Matte　マット

合成時に利用するマットを調整するためのエフェクト。
イメージを合成するために使用するグレースケール画像を「マット」と呼び、アルファチャンネルもこれに含まれる。拡大や縮小などマットを調整することで、より精度の高い合成が可能になる。

207	mocha shape	mocha for After Effectsで作成したシェイプを調整
208	ソフトマットを調整	マットの微細なエッジを計算・調整する
209	チョーク	アルファマットの範囲を拡大・縮小
210	ハードマットを調整	マットのエッジを調整する
211	マットチョーク	アルファマット範囲の拡大・縮小を繰り返す

Utility　ユーティリティ

他のデバイスと素材の入出力をする際に、カラーを調整するのためのエフェクト。
3DカラーLUT用やCineon用のカラー変換エフェクトなどが用意され、ハイエンドの映像加工システムと連携する場合に、色が変化してしまうようなトラブルを少なくすることができる。

212	CC Overbrights	32bit色深度でクリップ領域を表示
213	Cineonコンバーター	Cineonファイルデータのカラー変換をする
214	HDRコンパンダー	8bpc、16bpc用エフェクトを32bpcに対応させる
215	HDRハイライト圧縮	レンジに収まるようにカラー値を圧縮する
216	カラーLUTを適用	カラーLUTを使ってカラー変換する
217	カラープロファイルコンバーター	カラープロファイルを変更する
218	範囲拡張	レイヤーのサイズを拡張する

Perspective　遠近

イメージに立体感を与えるためのエフェクト。
3Dレイヤーとは異なり、イメージを擬似的に立体のように見せる。［ドロップシャドウ］や［ベベル］などPhotoshopでもおなじみの効果のほか、立体視映像をつくることができる［3Dメガネ］などもある。

219	3Dカメラトラッカー	映像を分析して3D情報を抽出する
220	3Dメガネ	3D映像をつくる
221	CC Cylinder	筒状に丸める
222	CC Environment	レイヤーイメージを環境レイヤーに変換する
223	CC Sphere	球状に丸める
224	CC Spotlight	スポットライトを投射しているような効果
225	ドロップシャドウ	影を落とす
226	ベベルアルファ	アルファのエッジに厚みをつけて立体感を出す
227	ベベルエッジ	レイヤーのエッジに厚みをつけて立体感を出す

228　放射状シャドウ .... 指定した位置からライトを当て影を落とす

Obsolete　旧バージョン

以前のバージョンの編集データとの互換を取るためのエフェクト群。
CS5ではレイヤー機能として納められている。パスに沿ったテキストを生成する［パステキスト］、イメージを3D
回転させる［基本3D］は現バージョンでも即効性のあるエフェクトとして便利だ。

229　インターレースのちらつき削減　インターレースによる映像の乱れを軽減
230　カラーキー .... 指定した色域を取り除く
231　スピルサプレッション .... 輪郭に残った不要な色を抑制する
232　パステキスト .... パスに沿ってテキストを作成する
233　ブラー（滑らか） .... 柔らかいぼかしを加える
234　ルミナンスキー .... 指定した輝度部分を取り除く
235　稲妻 .... 稲妻のような電光をアニメートする
236　基本3D イメージを3D回転させる
237　基本テキスト .... テキストを作成する

Time　時間

時間軸を利用してアニメーションに変化をつけるエフェクト。
残像をつけるストロボアクションや、再生速度を変更するタイムリマップなど、フレーム構成を調整してアニメー
ションのビジュアルエフェクトを作成することができる。

238　CC Force Motion Blur ...... 動きのブレを再現する
239　CC Time Blend .... 残像をつける
240　CC Time Blend FX .... 残像を繰り返しつける
241　CC Wide Time .... 指定したステップ数で残像をつける
242　エコー .... 減衰する残像をつける
243　タイムワープ .... 再生スピードを変化させる
244　ピクセルモーションブラー .... 動いている部分だけぼかす
245　ポスタリゼーション時間 .... フレームレートを変換する
246　時間差 .... 別レイヤーとの色の差でマスクを作成する
247　時間置き換え .... 別レイヤーのピクセル情報を時間に置き換える

Generate　描画

イメージを加工するのではなく、新たにオブジェクトを生み出すエフェクト。
線、円、グリッドなどの単純な形状から、マップとして使用するためのグラデーションやカーブ、光線や稲妻、レン
ズフレアなど具象的なものまで、さまざまなエフェクトが用意されている。

248　4色グラデーション 4色のグラデーションをつくる
249　CC Glue Gun .... 接着剤のようなネバネバ感のあるブラシに

250	CC Light Burst 2.5	爆発したような光線効果
251	CC Light Rays	放射状の光をつくる
252	CC Light Sweep	直線状の光をつくる
253	CC Threads	織物のようなパターンを生成する
254	オーディオウェーブフォーム	音の波形をつくる
255	オーディオスペクトラム	音のスペクトラムをつくる
256	グラデーション	2色のグラデーションをつくる
257	グリッド	グリッドをつくる
258	スポイト塗り	抽出したカラーで塗りつぶす
259	セルパターン	細胞のようなパターンをつくる
260	チェッカーボード	格子模様をつくる
261	フラクタル	複雑な幾何学図形をつくる
262	ブラシアニメーション	ブラシをアニメートする
263	ベガス	ネオンのように、ライトの点滅を動かす
264	レーザー	レーザービームを生み出す
265	レンズフレア	逆光のハレーションをつくる
266	稲妻（高度）	稲妻のような電光を生み出す
267	円	正円、またはリングをつくる
268	線	境界線をつくる
269	楕円	楕円をつくる
270	電波	放射状の波形のモーション効果
271	塗り	マスクを単色で塗りつぶす
272	塗りつぶし	選択範囲を単色で塗りつぶす
273	落書き	落書きのようなラフな線を描画する

Others　その他

サードパーティから提供されているエフェクトプラグインを集めている。

274	SA Color Finesse 3	詳細な設定で色調を補正する
275	CINEWARE	CINEMA 4Dのデータを活用する

◎After Effects CC (2017/2018)のエフェクト名を基準に記載しています。同名のエフェクトに関しても、バージョンによって一部機能が異なる場合があります。
◎各エフェクトは、Mac版のメニュー画面に基づいた順で記載しています。
◎本リストは『After Effects標準エフェクト全解［CC対応改訂版］』（ビー・エヌ・エヌ新社／2016年）から転載したものです。

INDEX 索引

【数字】
1つにまとめる―077
2画面―022
3Dカメラ―278
3Dスイッチ―215, 218
3Dビュー―020, 111
3Dレイヤー―107, 256
4画面―023
4色グラデーション―250

【アルファベット】
A
Adobe Bridge―042
Adobe Media Encoder―287
After Effectsの編集ファイル―063

C
CC Cylinder―118
CC Force Motion Blur―126, 165
CC Glass―131
CC Pixel Polly―128
CC Radial Blur―125
CC Rainfall―140
CC Scatterize―129
CC Snowfall―141
CC Sphere―119
CDクオリティ―289

I
Illustrator―037, 050

J
JPEGオプション―293
JPEGシーケンス―293

K
Keylight―271

M
MP3オプション―289

P
Photoshop―037, 050
Photoshopレイヤーで保存―294
Premiereの編集ファイル―061

R
RAMプレビュー―087

Z
Z位置―107, 218

【五十音】
あ
アクションセーフゾーン―019
アニメーションプリセット―212
アニメーター機能―196, 200, 202, 205, 207
アピアランス―016
アルファチャンネル―038, 266
アルファマット―211, 267
アルファを反転―041
アンカーポイントツール―099

い
イージーイーズ―156
イージーイーズアウト―148, 156
イージーイーズイン―157
位置―154,172,208,277
入れ子―079

う
ウィグラー―169

え
エクスプレッション―176
エフェクトスイッチ―142
エフェクト&プリセットパネル―121
円―228

お
オーディオ[オン／オフ]スイッチ―086
オーディオ出力―288
オーバーラップ―081
押し出す深さ―216, 258
親子関係―174
音質―289

か
開始時間―025, 068
解像度―068, 087, 283
回転(3D)―108
回転(テキスト)―190
回転ツール―096
回転プロパティ―097, 166
加算―261
画質―283

カスタムビュー―021
カメラ―110
カメラツール―111
カメラビュー―022
画面の明るさ―016

き

キーイング―269
キーカラー―270
キーボードショートカット―011, 076
曲線で移動―159

く

クラシック3D―217
グラデーション―246
グラデーション（エフェクト）―249
グラデーションエディター―247
グラフエディタ―148, 156
グリッドとガイドのオプションを選択―018
グロー―130

け

形状オプション―216, 258
現在の時間インジケーター―009

こ

高速プレビュー―089
高度―201, 204
コーナーピン―100
このアイテムのサイズを適用―071
コピー（エフェクト）―144
コピー（キーフレーム）―171
コピー（レイヤー）―075
コピーを保存―030
コンテンツ―225
コンポジション作成―066, 071, 077
コンポジションに合わせる―093
コンポジションにフッテージを追加する―070
コンポジションパネル―008, 018, 020

さ

最近のフッテージを読み込む―042
最近のプロジェクトを開く―031
再生―087, 149
再生順に並べる―072
再生速度―146

し

シーケンスフッテージ―060
シーケンスレイヤー―071, 080

シェイプツール―222
シェイプレイヤー―222
字送り―202
時間伸縮―146
色相／彩度―136
自動方向―161
自動保存―028
シャター―127
シャドウを落とす―219
出力―282
出力範囲―291
出力モジュール―284, 286
順序をランダム化―201
定規―018
乗算―261
新規フォルダー作成―044
新規平面―220

す

垂直方向―085
垂直方向に反転―094
水平方向―085
水平方向に反転―094
スクリーン―261
スケール―092
スターツール―232
すべてのトランスフォームプロパティ―207
スライドショー―049

せ

静止画の読み込み―047, 059
静止画の書き出し―292
整列―083
セーフエリア―019
線―187, 224
センターカットアクションセーフゾーン―019
センターカットタイトルセーフゾーン―019

た

ターゲット―276, 279
ターゲットを設定―276
タービュレントノイズ―139
タイトルセーフゾーン―019
タイムコード―025, 068
タイムラインパネル―008
タイムリマップ―147, 149
楕円―231
楕円形ツール―228
多角形―234
縦書き文字ツール―182, 189

縦組み中の欧文回転—190
縦中横　191
段落パネル—186

ち
抽出—272
調整レイヤー—145
頂点を切り替えツール—160, 239, 242
頂点を削除ツール—242
長方形ツール—226, 246
直線移動—154

て
ディスプレイスメントマップ—132
テキスト—182
テキストからシェイプを作成—243
テキストレイヤー—182
デュレーション—047, 068
テンプレート—286

と
透明上にペイント—254
トップビュー—020
トラック—274
トラックポイント—275
トラックマット—210, 266
トランジション—102
トランスフォーム—094, 096, 192, 225
トランスフォームのリセット—091, 099
トランスフォームプロパティ—099
トリミング—073
ドロップシャドウ—134
ドロップフレーム—068

な
名前を変更—036

ぬ
塗り—187, 223, 246
塗りレイヤー—210

ね
ネスト化—079

の
ノイズHLSオート—138
ノンドロップフレーム—068

は
パネルのサイズや位置を変更する—014

幅と高さ—067
反転パス—194

ひ
ピクセル縦横比—067
ピックウィップ—175, 179
描画モード—260
標準プリセット—012
ピントを合わせる—167

ふ
ファイルパス—054
フェードイン／アウト—080, 152
フォントとサイズの設定—184
複数アイテムから新規コンポジション—071
フッテージの置き換え—055
フッテージの消去—057
フッテージの読み込み—032, 038, 042, 047, 050
フッテージを再読み込み—054
フッテージを変換—064
不透明度—102, 152
不明なフッテージ—056
ブラー—123, 163, 167
ブラー（滑らか）—123, 167
ブラー（方向）—124
ブラー（放射状）—178
ブラシツール—253
プリコンポーズ—077
フレーム—025
フレームレート—060, 065, 068, 283
フレームを保存—292
プレビュー—087
プロジェクト—010, 024
プロジェクトの保存—027, 028, 030, 031
プロジェクトパネル—008
プロジェクトを開く—031
プロパティ—011

へ
平面—220
ペイント—254
別名で保存—030
ベベル—217, 259
ペンツール—236, 262

ほ
放射状シャドウ—135
ぼかし—123, 167

ま
マスク―113, 193, 196, 262
マルチビューを表示する―022

み
未使用のフッテージ―058

む
ムービーを出力―285

も
モーションスケッチ―180
モーションパス―154, 159, 161
モーションブラー―163
モード列―211
文字ツール―182
文字パネル―182, 185, 189

よ
横書き文字ツール―182,189
読み込み設定―047
読み込みの種類―051

ら
ライト―111, 216, 218, 259
ランダム―169
ランダムシード―201

り
リニアカラーキー―269
リニアワイプ―104
リンクの切れたファイル―053

る
ループ―065
ルミナンスキーマット―268

れ
レイトレース3D―215, 258
レイヤー―009, 069
レイヤーの移動―072
レイヤーのコピー&ペースト―075
レイヤーの整列―083
レイヤーの複製―076
レイヤーの分割―074
レイヤーをまとめる―077
レイヤーハンドル―090
列を表示―211
レフトビュー―021
レンダーキューに追加―071, 282, 288, 290

レンダラー―215, 257
レンダリング―285
レンダリング設定―283,291
レンダリング設定テンプレート―286
連番ファイル―037, 059

ろ
ロトブラシ―263
ロトブラシツール―264

わ
ワークエリア―088, 290
ワークスペース―012

INDEX／方法の索引

【記号／数字】
[+][−]キーをクリックする―090
[+][−]キーを使う―096
[3Dカメラ]で面を追従する―274
3Dビューを表示する―020
3Dレイヤーを使う―107
3Dレイヤー化する―256
[4色グラデーション]エフェクトで作成する―246

【アルファベット】

A
Adobe Media Encoderを使う―282

C
[CC Cylinder]を適用する―118
[CC Force Motion Blur]を適用する―126
[CC Force Motion Blur]を適用する―163
[CC Glass]でガラスのゆがみを再現―131
[CC Pixel Polly]で紙吹雪のようにする―127
[CC Radial Blur]で放射状にぼかす―123
[CC Rainfall]で雨を加える―140
[CC Scatterize]でひねりを加える―127
[CC Shere]を適用する―118
[CC Snowfall]で雪を加える―140
⌘キー+クリック―024
Ctrlキー+クリック―024

P
Photoshopレイヤーで保存する―292

R
RAMプレビューを使う―087

【五十音】

あ
アニメーションプリセットを使う―212
アニメーター[すべてのトランスフォームプロパティ]を適用する―207
アニメーター[ブラー]を適用する―205
アニメーター[字送り]を適用する―202
アニメーター[不透明度]の順序をランダム化―200
アニメーター[不透明度]を適用する―196
アピアランスを設定する―016

い
[イージーイーズ]で移動速度を変化させる―154
[位置]プロパティにキーフレームを追加する―154

う
ウィンドウメニューから設定する―012

え
[エクスプレッション]で他のプロパティと連携させる―176
[エクスプレッション]にスクリプトを記述する―176
エフェクト&プリセットパネルから選ぶ―120
エフェクトで切り替える―102
エフェクトメニューから適用する―120
エフェクトをコピー&ペーストする―144
[円]エフェクトで正円を作成する―228

お
親子関係を設定する―174

か
回転ツールを使う―096
回転の中心を変更する―096
[回転]プロパティにキーフレームを追加する―166
[回転]プロパティを使う―096
各パネルのサイズや位置を変更する―012

き
キーイング系エフェクトを適用する―269
キーフレームをコピー&ペーストする―171

く
[クラシック3D]を使う―215
[グラデーション]エフェクトで作成する―246
[グロー]を適用する―130

こ
高速レンダリングする―087
[コーナーピン]エフェクトを適用する―100
コンポジションのサイズに合わせる―090

コンポジションを入れ子にする（ネスト化）―077
コンポジション設定を作成する―066

さ
[最近のプロジェクトを開く]を選択する―031

し
シーケンスファイルで保存する―292
[シーケンスレイヤー]を適用する―080
シェイプツールで円を描画する―228
シェイプツールで星形を描画する―232
シェイプツールで長方形を描く―246
シェイプツールで長方形を描画する―226
シェイプレイヤーを作成する―222
[色相／彩度]を適用する―136
[自動方向]でモーションパスに合わせる―161
[自動保存]を設定する―028
[シャター]でガラスが割れたようにする―127
出力の初期設定を変える―282
出力モジュールでサウンド形式を選ぶ―288
定規を表示する―018
使用する部分だけトリミングする―073

す
数値で歪ませる―100
数値を入力する―090
[スケール]プロパティで[－]の数値を入力する―094
すべてのエフェクトを一度にオフにする―142

せ
[整列パネル]を使う―083
セーフエリアを表示する―018

そ
素材自体の時間を伸縮させる―146

た
タービュレントノイズ―138
タイムラインへドラッグする―069
タイムリマップで速度を変化させる―146
タイムリマップにキーフレームを追加する―149
[楕円]エフェクトで楕円を作成する―228
[縦組み中の欧文回転]で回転―190
[縦中横]で2桁以上の文字をまとめて回転―190
段落テキストを作成する―182
段落パネルで設定する―185

ち
[抽出]エフェクトを適用する―272
調整レイヤーにエフェクトを適用する―144

つ

ツールパネルから設定する―012

て

[ディスプレイスメントマップ]で水面を再現―131
テキストからシェイプを作成する―243
テキストレイヤーの[トランスフォーム]を使う―192
テキストレイヤーをトラックマットとして使用―210
テキストレイヤーを作成する―182

と

特定の時間を指定してプレビュー―087
[トラック]で点を追従する―274
ドラッグで歪ませる―100
トラックマットのアルファで合成する―266
トラックマットのルミナンスキーで合成する―266
[トランスフォーム]メニューを使う―094
[トランスフォーム]メニューを使う―096
[ドロップシャドウ]で単純な影―134

に

任意のエフェクトのみをオフにする―142

の

ノイズHLSオート―138

ひ

描画モードを設定する―260

ふ

ファイルメニューから設定する―069
複数のファイルを選択して新規コンポジションを作成する―069
[不透明度]プロパティにのキーフレームを追加する―152
[不透明度]プロパティを使う―102
[ブラー(滑らか)]で全体をぼかす―123
[ブラー(方向)]で一定の方向のみぼかす―123
ブラー系エフェクトにキーフレームを追加する―167
ブラシツールで図形を描く―252
[プロジェクトを開く]を選択する―031
プロジェクト設定を変更する―24
プロパティ値をランダム化―169

へ

平面レイヤーを作成する―220
別のコンポジションにする(プリコンポーズ)―077
[別名で保存]を選択する―030
ペンツールで図形を描画する―236
ペンツールで線を描画する―236

ほ

ポイントクリックで歪ませる―100
ポイントをドラッグする―090
[放射状シャドウ]で細かく設定―134
[保存]を選択する―027

ま

マスクの大きさを変化させる―196
マスクを作成してパスに指定する―193
マスクを作成する―113
マスクを作成する―262
マルチビュー表示する―020

み

右クリック(Windows)―120

も

[モーションスケッチ]でマウスの動きを記録―180
モーションパスを曲線にする―159
[モーションブラー]を適用する―163
文字ツールで右クリック(Windows),controlキー+クリック(Mac)―189
文字ツールで直接入力する―182
文字パネルで設定する―185
文字パネルの[塗り]と[線]で設定する―187

れ

[レイトレース3D]を使う―215
レイヤーのオーディオスイッチをオフにする―086
レイヤーをコピー&ペーストする―075
レイヤーをドラッグする―072
レイヤーを複製する―075
レイヤーを分割して削除する―073
レンダーキューで出力する―282

ろ

ロトブラシを使う―262

わ

ワークエリアで範囲を指定する―290

After Effects初級テクニックブック【第2版】

2018年3月16日　初版第1刷発行

著者●石坂アツシ、笠原淳子
デザイン●VAriant Design
編集・DTP●ピーチプレス株式会社

発行人●上原哲郎
発行所●株式会社ビー・エヌ・エヌ新社
　　　　〒150-0022 東京都渋谷区恵比寿南一丁目20番6号
　　　　FAX:03-5725-1511
　　　　E-mail:info@bnn.co.jp
　　　　www.bnn.co.jp

印刷・製本 シナノ印刷株式会社
ISBN 978-4-8025-1095-0
Printed in Japan
©2018 Atsushi Ishizaka, Junko Kasahara

◎本書の一部または全部について個人で使用するほかは、著作権上、株式会社ビー・エヌ・エヌ新社および著作権者の承諾を得ず
　に無断で複写・複製することは禁じられております。
◎本書について電話でのお問い合わせには一切応じられません。ご質問等ございましたら、《氏名と連絡先を明記の上》、はがき、
　FAX、E-mailにてご連絡下さい。
◎乱丁本・落丁本はお取り替えいたしますので、はがき・FAX・E-mailにてご連絡下さい。
◎定価はカバーに記載されております。